Bernard Guiraud-Chaumeil

ILS ONT INVENTÉ LA MÉDECINE

GARDONS-LUI SON HUMANITÉ

Michel Lafon

Du même auteur

Les Hôpitaux universitaires de l'an 2000. Confrontation avec le système de santé américain. Avec Philippe Even et Jacques Ghisolfi, Éditions Privat, 1996.

118, avenue Achille-Peretti – CS 70024
92521 Neuilly-sur-Seine Cedex

www.michel-lafon.com

À Christine Guiraud-Chaumeil,

à Paul Chaumeil, à Jean Laboucarié, à André Rascol
et à ceux qui ont eu le bonheur
de pouvoir les prendre pour exemple.

INTRODUCTION

C'EST DE L'HOMME QU'IL S'AGIT

Au temps où ils étaient ignares, les médecins étaient sacrés. Devenus savants, mais encore inefficaces, ils étaient respectés. Aujourd'hui qu'ils peuvent être savants et efficaces, ils sont suspectés.

Il y a plus de trente ans, ces trois bouts de phrases dérisoires, ironiques, paradoxaux, se sont imposés à mon esprit. Cherchant à être contesté, je les ai maintes fois prononcés en public, sans susciter la polémique espérée.

Molière tournait en dérision les médecins qui ne savaient rien, ou plutôt qui ne changeaient rien à l'évolution des maladies mortelles. Son discours ne tiendrait plus aujourd'hui, mais nul doute qu'il trouverait, hélas, bien d'autres sujets ! Il saurait se moquer de notre société méfiante, apeurée, brandissant son principe de précaution. Il s'attaquerait aux médecins « servants des machines » ou « esclaves des papiers ». Il fustigerait sans doute l'Administration qui pense devoir réguler la pensée médicale.

Les époques changent, les savoirs se développent, les valeurs techniques deviennent essentielles, les résultats s'améliorent et les mentalités évoluent. Mais, comment l'oublier, le maintien de la santé, la guérison, la vie qui doit reprendre ont des exigences et des devoirs auxquels nul ne peut se soustraire. Le savoir doit progresser sans entacher la probité et l'éthique. L'approche clinique et les vertus humaines n'ont pas à céder le pas devant les splendides progrès de la technicité. Aider les plus démunis est une part non négligeable du programme. Là se trouvent les dilemmes, les contradictions d'un système de santé aujourd'hui en question.

*

*   *

Mon père était le médecin de campagne d'une époque révolue. Le médecin de famille représentatif des années 1930 à 1960, le médecin respecté et parfaitement adapté à l'attente de ceux qui avaient recours à lui. Par sa culture et son humanité, il savait gagner la confiance de ses patients. Il était le médecin qui ne comptait pas son temps, le médecin pour qui la maladie n'avait pas d'heure, le médecin présent quand on avait besoin de lui.

Ce médecin consulte alors chez lui ou part en visite chez le malade, il se lève la nuit pour se rendre auprès de celui qui l'appelle. Sa mallette rebondie contient un stéthoscope, un appareil à tension, quelques seringues dans leur boîte métallique passée au Poupinel, c'est-à-dire au stérilisateur, des médicaments de première urgence, de la morphine, du sérum antitétanique et antidiphtérique. Le dimanche est un jour comme un autre, à la disposition du malade… La mort rôde, la vie est courte, il faut se presser. Le temps médical est celui de la disponibilité.

Faut-il que le devoir soit important pour s'y consacrer de la sorte ! Il accouche à domicile, soigne par la saignée l'œdème aigu du poumon, il est celui qui rassure et tranquillise, donne de la force devant l'épreuve qu'imposent les maladies infectieuses, de la coqueluche à la fièvre typhoïde, du rhumatisme articulaire aigu à la diphtérie qui terrasse en quelques jours la moitié de la maison, que l'on soit riche ou pauvre.

Le médecin de famille sait tout de tous depuis le berceau jusqu'à la tombe. C'est l'époque du patient soucieux de ce que va lui coûter la maladie : dans ce monde-là, il n'y a pas de place pour le soin, l'arrêt de travail, le repos… à moins que le mal soit vraiment grave et exige de déranger le docteur ! Le malade a confiance dans ce médecin qui est toujours là et qui veille. C'est le temps de la permanence du généraliste et de son humanité, au plus près de la souffrance, l'homme à qui l'on peut tout dire. Principalement dispensateur de soins, bien sûr, il est aussi celui qui, par ses conseils, favorise le bon développement des corps de l'enfance et de l'adolescence. Bref, il est l'indispensable acteur de la santé publique. Quant aux honoraires, tout se fait avec tact et mesure… on verra plus tard, à la Saint-Jean !

Voir travailler mon père m'a conduit à devenir médecin, moi aussi. Par son engagement, projet d'une vie, il est le premier à avoir éveillé en moi le désir d'aider les malades. Je ne pouvais qu'être impressionné, marqué, de le voir si disponible, si présent tous les jours, à toute heure, même la nuit, au long des semaines, des mois et des années.

Il fit ses études de médecine à Paris de 1924 à 1933. Sa formation fut celle d'un clinicien, et le savoir que l'on avait exigé de lui à la faculté revêtait un aspect immuable : les cinq sens en éveil, observer, examiner les patients un à un… Il devait ainsi construire son expérience qui l'aiderait à accompagner ceux qui viendraient bientôt le consulter pour des maladies auxquelles il n'avait très souvent aucun traitement à apporter. Alors, il agissait avec les armes que lui donnait la modernité et auxquelles il était très attaché : l'asepsie et les vaccinations.

La Thérapeutique en vingt médicaments de Charles Fiessinger, dans l'édition de 1921, était son livre de chevet. Aujourd'hui, la lecture d'un tel ouvrage serait riche d'enseignements pour nous qui appartenons à une société de consommation et de droits multipliés ! Cela nous permettrait de mesurer les progrès réalisés et les résultats possibles. Nous réapprendrions que bien des maladies guérissent spontanément, que les médicaments mal utilisés peuvent avoir des effets néfastes et que la guérison résulte d'un combat où traitement et défenses naturelles se conjuguent.

Mon père a vu des familles entières mourir de la diphtérie avant d'avoir à sa disposition le vaccin qui a fait disparaître la maladie. Trente ans après lui, pour mon grand concours d'internat, j'ai appris par cœur trois longs chapitres concernant cette maladie infectieuse et ses différents aspects cliniques, ses complications neurologiques et générales, alors que de tout mon temps professionnel, je n'ai pas vu un seul malade atteint de diphtérie. Je savais tout sur une pathologie que la vaccination obligatoire avait fait disparaître !

Étudiant, puis jeune médecin, j'ai appris avec passion les mécanismes et les manifestations de l'existence « normale » comme de la vie des malades, en un temps où les résultats des pratiques utiles progressaient à grands pas. Ce n'est que bien plus tard que j'ai compris le rôle, pour la civilisation, du progrès médical. Il a fait reculer la mort et a ainsi répondu à l'attente des patients envers la médecine et les professionnels de santé. « Le silence des organes », définition de la santé que l'on doit au professeur René Leriche, est notre combat moderne.

En 1974, j'ai fait entrer mon père, mon mentor, dans la salle du scanner récemment installé au CHU de Toulouse. Lorsque je lui ai montré l'image du cerveau, il a prononcé ces mots qui me hantent encore aujourd'hui :

– J'ai vu le diable.

Que voulait-il me dire ? Il devait sans aucun doute être impressionné par cette image du cerveau qui, jusque-là, n'était visible qu'à l'autopsie. Le scanner, cette machine capable de voir à l'intérieur du crâne, lui faisait-il craindre une époque proche où l'on pourrait décrypter, imposer ou influencer la pensée de chacun à son insu ? Avait-il l'intuition que les techniques modernes conduiraient à l'oubli de la clinique ? Prévoyait-il que de tels instruments seraient un jour installés à l'entrée des gares ou des aéroports à l'instar des Photomatons ? Voyait-il dans ce progrès des risques qu'il nous faudrait maîtriser ? Je ne le lui ai jamais demandé. Il s'en est allé avec son énigme qui vaut bien celle du sphinx.

Ce médecin de campagne fut un homme considéré, apprécié, admiré, dont le nom, à sa mort, fut donné à une place de Layrac, notre petite ville du Sud-Ouest. Le maire voulait ainsi rendre hommage à son savoir, à sa pratique, à la permanence de sa présence, à son dévouement, et il affirmait de cette manière que mon père avait su gagner la confiance de toute la population.

*

* *

Aujourd'hui, des médecins comme mon père n'existent plus guère. Et l'on dit même qu'il n'y aura bientôt plus de médecins du tout… tant sont rares les vocations.

C'est peut-être parler un peu vite… Dans les années 1930 à 1950, la France comptait à peine trente mille médecins, généralistes pour la plupart. Les chirurgiens « du dur et du mou » étaient les seuls à pouvoir parfois inverser le cours inexorable de quelques urgences : appendicite, rupture d'une grossesse extra-utérine, occlusion intestinale, fracture… Or nous sommes aujourd'hui plus de deux cent mille médecins. Que diraient les anciens à ceux qui parlent aujourd'hui de pénurie ? Rien ni personne ne me paraît plus chargé d'espoir, d'humanité, d'enthousiasme qu'un médecin qui apprend à soigner, et de plus en plus souvent, à guérir.

Si j'avais à nouveau dix-huit ans aujourd'hui, je referais le même choix, je réaffirmerais ma volonté de me consacrer aux malades. Savoir, mieux savoir pour être plus utile, me conduirait sans doute à reprendre pendant vingt ans la fonction de doyen de faculté de médecine. Former les médecins à la médecine du savoir, de la découverte, de la clinique et de l'empathie est un objectif en constante évolution. Participer à l'organisation d'une *médecine sobre,* une médecine utile, efficace, chargée d'humanité, du juste coût, que je m'efforce de défendre depuis déjà longtemps, me passionnerait encore.

Raconter la petite histoire de la médecine en progrès, comme j'ai voulu le faire dans ce livre, présente un grand intérêt selon moi. Ainsi se découvrent des valeurs et des vertus qui sont la force des bons médecins. Comprendre et connaître ce que les anciens pensaient de la médecine et de son organisation est un enrichissement. Rendre hommage aux hommes d'exception qui ont permis le progrès, se souvenir de l'attente et des souffrances des patients constituent autant de devoirs de mémoire. Évoquer la vie des malades et les structures chargées de soigner au fil des siècles nous fait mesurer la chance que nous avons aujourd'hui, même si tout n'est pas parfait. Qui sait dire ce que pouvaient espérer les Égyptiens du temps des pharaons, les Grecs et les Romains, les peuples du Moyen Âge, le grand Louis XIV ou Napoléon ? Quelles leçons tirer de ces temps où les malades ne pouvaient être que patients – au sens propre – et où ils devaient attendre ce que la Bonne Nature leur réservait ? Ils accordaient leur confiance à des grands prêtres, des thaumaturges, des charlatans, des praticiens qui ne savaient rien et pouvaient si peu. Ils se voyaient imposer de multiples produits naturels et seule l'expérience forgeait les possibilités rationnelles des soignants. Que de préparations, de décoctions sans aucune valeur ont été ingurgitées ! Elles étaient prescrites pour des symptômes qui auraient de toute façon disparu spontanément. Bien peu étaient utiles, et encore moins efficaces. Combien sont morts pour avoir subi des pratiques dangereuses et toxiques… Jadis, il fallait croire et investir de confiance le soignant empathique et, en même temps, accepter ses médications étonnantes dont on ne connaissait ni les indications ni les mécanismes d'action.

En fait, la vertu essentielle était bien l'empathie, vertu apaisante, accompagnatrice et bienfaisante depuis la nuit des temps. La souffrance mérite compassion. La présence amicale, familiale, dévouée, rassure, soutient et donne le courage nécessaire pour supporter ou combattre. Des siècles durant, pour ceux qui étaient seuls – sans famille, malades et indigents –, l'hospice a été le lieu d'asile et de protection, mais aussi la prison et le mouroir. C'était le temps de l'acceptation de la maladie, ce malheur qui s'abattait comme un châtiment qu'il fallait supporter.

Aujourd'hui, grâce aux génies qui ont fait progresser la médecine et que j'ai voulu faire revivre dans ces pages, nous disposons de moyens multiples pour soulager et souvent guérir nos patients. Mais les techniques d'investigation médicales, les interventions chirurgicales performantes et les médicaments les plus efficaces ne peuvent en aucun cas exclure l'importance de la toute première démarche de celui qui vient consulter : le rapport de confiance avec son médecin. Seule l'observation attentive du soignant permet un diagnostic la plupart du temps judicieux. Diagnostic à confirmer, certes, par des examens, mais sans avoir à multiplier les investigations superflues qui inquiètent le malade et creusent le trou de la Sécurité sociale. Seuls l'humanité du médecin – généraliste ou spécialiste –, son empathie, le temps consacré aux explications élémentaires permettent au patient de participer à son mieux-être ou à sa guérison. La modernité n'exclut pas le respect des valeurs ancestrales qui, de tout temps, ont fait l'honneur des médecins : inspirer la confiance et susciter l'espoir. Encore faudrait-il que le système de santé – à transformer largement, à mon sens – lui en donne les moyens.

Professeur Bernard Guiraud-Chaumeil

– 1 –

DE LA MAGIE À L'OBSERVATION

Dès l'origine de l'humanité, il y eut des malades et des bien portants, des souffrants et des mourants, et puis, très vite, des soignés et des soignants. Le savoir de ces derniers était pauvre, quasi nul. Fruit d'une intelligence généreuse et d'un sentiment de compassion, il était totalement empirique et n'exprimait que la somme d'observations individuelles. Les feuilles, les écorces, les racines, les fruits – crus ou cuits – constituaient l'essentiel de la pharmacopée pour traiter les maladies dont les causes et les mécanismes restaient totalement obscurs. L'imaginaire était la source de toute explication et de tout soin. Il fallait croire aveuglément. Sans savoir véritable, les soignants obtenaient pourtant la confiance des soignés… Déjà cette vérité émergeait : il n'y a pas de médecine sans relation de confiance.

À l'aube des civilisations, les premiers médecins furent sumériens. Les Égyptiens avaient les leurs et les pharaons gardaient à disposition des médecins personnels. Ceux-ci savaient trépaner. Cette ouverture sur le cerveau avait probablement un sens, mais lequel ?

C'est aujourd'hui encore un mystère. Que pouvaient-ils bien chercher à faire, ces chirurgiens avant la lettre, par un tel geste ? Pensaient-ils extraire du cerveau des humeurs malignes ? Que cherchaient-ils dans les circonvolutions d'une âme imaginaire ?

Les pratiques médicales de ces temps anciens comprenaient divers rites conjuratoires chargés de repousser les mauvais esprits ou d'abolir des sorts néfastes. Oui, la médecine se confondait avec la magie ! Dans l'esprit de tous, c'était une évidence, la maladie était envoyée par les dieux. Son essence se voulait punitive. Alors le malade s'abîmait dans la prière : la guérison faisait foi de la clémence divine. La pensée magique, en médecine, s'évade au-delà de la nature, elle est un moyen d'échapper à la réalité…

La pensée magique construit un monde où la liberté apparaît limitée, sous contrainte des autorités superstitieuses ou religieuses imposant des pratiques obscurantistes. Elle prend le pouvoir et mène l'esprit !

La pharmacopée égyptienne, assez rudimentaire, comprenait l'opium, la belladone, le chanvre indien, mais aussi des mélanges étonnants. Les pratiques en vigueur peuvent nous paraître déroutantes, elles constituaient un fatras sans ordre, qu'une foi irraisonnée avait investi de pouvoirs fantasques et que personne n'osait discuter. La fiente de mouche, la bave de crapaud, les décoctions de mélanges amers et nauséabonds, les poudres, les onguents, les divers produits végétaux ou animaux, aux vertus mystérieuses, étaient présumés salvateurs. Les interprétations des mages et des astrologues qui, tels des médiums, étaient supposés être en lien avec les divinités, ne pouvaient qu'être vérités influentes, crues et bénéfiques. Ceux-ci pouvaient intercéder, mais la guérison ne venait que des mondes supérieurs.

La voix perdue d'Ywti l'Égyptien

Vers 1350 avant Jésus-Christ, il y a plus de trois mille ans, Ywti, médecin du pharaon Ramsès Ier, émit le premier une nouvelle idée : il énonça que la maladie se déclarait en raison du dysfonctionnement de certains organes… Il ne connaissait pas la cause de ces troubles, mais il ne croyait pas à l'intervention magique des esprits. En fait, l'observation des malades l'avait conduit à des interprétations d'une logique bien différente de celle admise par ses contemporains. Hélas, sa voix se perdit dans le désert et ne put, à elle seule, modifier les conceptions acceptées par tous et défendues par les puissantes autorités éprises de surnaturel. La confiance de la population était entièrement acquise aux doctes prêtres interprétant les signes du ciel. La guérison pouvait survenir, certes, mais elle était toujours mise au crédit de l'intervention d'un dieu puisque les médecins étaient des prêtres et ignoraient tout de la clinique ou de la biologie. Cette confiance aveugle – ou aveuglée – en une intervention mythique et mystique peut surprendre aujourd'hui ; n'est-ce pas pourtant une croyance propre à la nature humaine ? Cet égarement a devancé et très longtemps voulu évincer les vérités que les découvertes scientifiques ont finalement mises au jour. Mieux, ces divagations existent encore aujourd'hui. Les malades peuvent parfois ressentir cet appel de l'irrationnel comme utile et même nécessaire, les médecins ne doivent ni l'oublier, ni en profiter. En notre temps où seul le résultat compte, la médecine n'a pas à combattre cette conviction dans l'imaginaire, elle doit simplement se montrer plus séduisante… et plus efficace !

Des médecins que le savoir scientifique rendrait suffisants s'éloigneraient de l'humanité : ce sont des hommes qu'ils soignent, et la maladie grave est une rupture dans le parcours de chacun d'entre nous, transformant nos possibilités, nos espoirs, jusqu'à nos idées les plus enracinées, et susceptible d'engendrer une sorte de régression imposée. La maladie est un objet de science ; le malade, lui, est un sujet humain.

Grecs et Latins continuèrent un temps dans la voie sans issue suivie déjà par les Égyptiens. Des sociétés ancrées dans le surnaturel trouvaient leur cohésion en confiant leur destin aux mages, aux aruspices et aux augures à la recherche de signes cachés dans les entrailles des animaux, le tonnerre ou les éclairs. Les cabinets médicaux étaient des temples où les prêtres se chargeaient de révéler la sentence des dieux sur l'état des malades et l'évolution des maladies. À n'en pas douter, certains de ces prêtres savaient faire parler les dieux : ils devaient avoir un certain bon sens et un œil exercé pour déceler quels étaient les patients qui guériraient et ceux pour qui il était trop tard.

Parallèlement, la science commença à éclairer une partie du monde… Mathématiciens, physiciens et astronomes en furent les précurseurs. Dès lors, l'observation devint essentielle pour comprendre malades et maladies. Cette observation attentive conduisit à des descriptions précises et circonstanciées : les éléments d'une méthode rationnelle de type scientifique apparaissaient et permettaient de décrire et de reconnaître la pathologie. Mais le diagnostic restait à l'état d'ébauche et la thérapeutique misérable.

Et Hippocrate vint…

Mais les temps changent… Ce qu'Ywti avait émis d'une voix timide est enfin proclamé hautement en Grèce. Dans cette nouvelle approche des maux frappant les hommes, un nom domine et brille au firmament médical : Hippocrate. Il naît vers 460 avant Jésus-Christ à Cos, île grecque de la mer Égée. Formé à l'école des prêtres médecins de la famille des Asclépiades, il rompt avec les pratiques liées au surnaturel et conçoit une médecine fondée sur l'observation et le raisonnement qui permettent d'aboutir au diagnostic et au pronostic. Le raisonnement, malgré sa rigueur, est encore balbutiant, presque philosophique, et conduit à des pratiques souvent erronées. Il reste néanmoins d'Hippocrate des observations cliniques et un enseignement que ses élèves ont ensuite poursuivi.

Ce grand homme est à l'origine de l'éthique médicale : chacun est responsable de sa santé, le praticien l'est du malade et de sa famille. La probité du médecin est apparue à Hippocrate comme un fondement de l'exercice : pratique et éthique ne peuvent jamais être dissociées. Le diagnostic doit être fondé sur des faits observés, et le traitement doit rechercher les effets de la pharmacopée.

Primum non nocere, ***d'abord ne pas nuire, est la règle de pratique liée à l'éthique de probité.***

En effet, le médecin ne doit pas aggraver l'état du patient par ses révélations diagnostiques et ses prescriptions s'il n'a pas une solution thérapeutique utile démontrée ou démontrable.

Ces concepts sont nouveaux, ils proposent une rupture qui probablement n'est alors acceptée que par un petit nombre, les résultats n'étant pas assez concluants.

Au siècle suivant, le quatrième avant Jésus-Christ, l'œuvre d'Aristote pourrait paraître plus marquante encore. Le philosophe a commencé par observer les différentes espèces animales présentes dans les anfractuosités de la côte rocheuse du littoral grec : sa description de la bouche de l'oursin – encore appelée lanterne d'Aristote – fait toujours autorité !

Par sa méthode d'observation argumentée, l'auteur des *Réfutations sophistiques* n'édifie rien de moins que l'anatomie, l'embryologie et la physiologie animales. Il est ainsi le fondateur de la pensée scientifique adaptée à la santé des hommes. Ses techniques d'observation et son usage du raisonnement déductif font encore école de nos jours. N'est-il pas à l'origine du premier concept scientifique d'importance dû à l'intelligence humaine ? « Les maladies ont une essence naturelle et sont régies par les règles de la nature », nous apprend-il. Ce fondement de la médecine reste vrai dans notre modernité triomphante.

L'observation est donc la clé du savoir. La description et la mémoire des faits du vivant constituent la nouvelle approche. Ainsi, la méthode scientifique appliquée à l'astronomie, faite de physique et de mathématique, s'applique au vivant. D'ailleurs, la mathématique pourrait bien être, elle aussi, une source de la découverte du savoir scientifique médical…

Aristote proposait là une révolution des idées qui n'eut que peu de retentissement dans la population. Elle était pourtant riche de promesses pour l'avenir. Les innovations, qui sont des ruptures, ont toujours du mal à s'imposer face aux croyances fermement enracinées. Jadis, la pensée magique était solidement implantée dans les mentalités et qui voulait, qui osait changer radicalement ses habitudes de pensée et de raisonnement ?

Théophraste, un des élèves d'Aristote, fut, pour sa part, le « père de la botanique » : il construisit par l'observation la première nomenclature végétale, décrivant et classant plusieurs centaines de plantes. Et la médecine, encore une fois, n'était pas loin ! Comme aujourd'hui, la plupart des remèdes venaient des plantes et l'ouvrage du grec Pedanius Dioscoride *De materia medica* – À propos de la matière médicale –, écrit au Ier siècle de notre ère, sera considéré comme un titre de référence durant plus de mille cinq cents ans.

Dans la pharmacopée, le soin par les plantes procédait d'une méthode empirique. Ses bienfaits sont aujourd'hui démontrés par les analyses et les synthèses chimiques : certaines plantes contiennent des produits actifs que l'on sait extraire et synthétiser. En effet, les médicaments du XXIe siècle sont le plus souvent des produits de synthèse contenant un ou plusieurs produits actifs en association dont l'efficacité et les risques sont évalués précisément.

La vérité selon Galien

Un peu plus tard, au IIe siècle de notre ère, c'est encore un Grec, Galien, qui tenta de dresser un tableau des maladies et de leurs causes. Tâche ambitieuse ! Il décrivit des personnalités lymphatiques, mélancoliques, colériques... Ces particularités devaient différencier les individus. Une classification qui aura une grande influence sur la médecine, au moins jusqu'au XVIIIe siècle. Aujourd'hui, bien sûr, ces théories nous semblent à la fois simplistes et naïves.

Selon Galien, le corps se trouve sous les forces conjuguées de quatre fluides vitaux : la bile jaune, la bile noire, le sang et la lymphe. Tout s'articule par quatre dans ce monde enchanté ! Quatre éléments : le feu, l'air, l'eau, la terre. Quatre qualités : la chaleur, l'humidité, le froid, la sécheresse. Quatre âges de la vie : l'enfance, l'adolescence, l'âge adulte, la vieillesse. Quatre saisons aussi... Et c'est l'assemblage plus ou moins heureux de tous ces quarterons qui ferait la santé et la maladie !

Mais ne nous y trompons pas, en dehors de ces interprétations fantaisistes, Galien réalisa également des dissections à la suite desquelles ses observations apportèrent de riches enseignements anatomiques. Il montra, par exemple, que l'urine se forme dans les reins et non dans l'intestin, que les trompes s'abouchent dans l'utérus et non dans la vessie, que les artères contiennent du sang et non de l'air, que le cerveau est le siège de la pensée et non le cœur comme l'admettait le commun des mortels de son époque.

L'apport des Grecs et des Romains résidait donc dans la méthode d'observation et le raisonnement déductif. Hippocrate s'est centré sur l'état du malade, Galien sur l'organe lésé : la faiblesse de ces médecins découvreurs provient d'une réflexion exclusive de type philosophique et de l'absence de mesure. La médecine, alors, finit par un discours oubliant les faits : elle observe, elle classe, elle explique, repoussant certes la superstition et la pensée magique mais demeurant inefficace et s'aventurant dans des conclusions parfois hasardeuses.

Des Grecs, nous avons pourtant retenu l'idée fondamentale selon laquelle la pensée scientifique doit s'extraire de la pensée magique, et nous avons gardé quelques préceptes toujours valables et indispensables…

L'observation, l'écoute du langage, l'éthique de probité sont des fondements du savoir médical utiles aux praticiens : là sont les bases éternelles de la fonction soignante. Personne ne peut y déroger.

L'Empire romain entraînera dans sa chute la médecine débutante, qui ne fera plus aucun progrès jusqu'à la fin du Moyen Âge, disparaissant corps et biens pour redonner place et pouvoir aux pratiques occultes et à l'interprétation religieuse de la maladie-punition. À cette période, l'Occident connut insécurité, famine et épidémies, les Byzantins devinrent dépositaires des œuvres de Galien auxquelles s'ajoutèrent les observations de Rhazès et d'Avicenne, eux aussi philosophes.

La Renaissance sonna le renouveau de la science expérimentale, questionnant directement la nature au lieu de se contenter de la superstition ou des discours des anciens.

De la magie à l'observation

Hippocrate, initiateur d'une nouvelle médecine, reste admiré de tous à juste titre. Mon respect va également au médecin de famille du siècle dernier… Sa formation médicale était essentiellement clinique, acquise pour toute la vie à l'hôpital des démunis. La salle commune constituait le lieu d'accueil comme au Moyen Âge. Les salles de consultation pour le colloque singulier étaient exceptionnelles.

Les anciens médecins des Hôpitaux, barons d'un empire de cliniciens, perpétuent alors avec diligence et humanité les pratiques acquises au XIXe siècle. Le corps souffrant du malheureux est leur objet d'étude, un objet sanctifié par l'approche clinique. À l'hôpital de la Pitié dans les années 1920, certains ont la chance de voir le grand neurologue français Joseph

Babinski examiner un malade, sans dire un mot… La plus grande leçon de médecine jamais reçue ! Il faut l'imiter avec la même noblesse. Que dit le patient de ce silence ? Rien. L'angoisse lui coupe la voix. Mais s'il est en confiance, il n'a pas besoin d'explication. Il suit du regard et tente de décrypter la pensée du maître qui sait, lui, mais qui ne peut hélas pas grand-chose en ce temps-là.

Dans les villes de faculté – elles sont moins de quinze à l'époque –, les maîtres sont renommés. Les étudiants, observateurs vigilants, apprennent leurs gestes pour les perpétuer jusque dans les campagnes reculées. Les malades restent longtemps à l'hôpital, souvent jusqu'à l'autopsie, ce juge de paix du diagnostic et source de démonstrations à publier. À cette époque, la qualité d'un service se mesure au nombre d'autopsies !

Peu à peu, l'autopsie cède le pas à l'imagerie des rayons X et à la biologie, mais ces techniques nouvelles mettent du temps à convaincre. Le diagnostic reste prédominant, au détriment du traitement. Les chirurgiens sont les plus entreprenants, ils tentent l'opération. L'efficacité devait finir par émerger !

Je l'ai dit, la croyance en la magie et au surnaturel est ancrée dans l'esprit des hommes depuis la nuit des temps. Elle découle, en partie, de leur incapacité à vaincre naturellement les malheurs qui les dépassent et les accablent. Elle est un aveu d'impuissance en même temps qu'un espoir et dépend d'une logique et d'un rationnel qui n'ont rien à voir avec ceux du savoir scientifique.

Le domaine scientifique, en revanche, relève de la démonstration : il cherche à expliquer les causes et les mécanismes des faits rencontrés lors de maladies que la nature engendre. La médecine, lorsqu'elle est science, s'oppose à la magie. Et pourtant…

Lorsqu'elle est art de guérir, la médecine se doit de prendre en compte les croyances, l'imaginaire ou la personnalité des malades, un jour convaincus de l'efficacité de la science, un jour attirés par le monde magique.

Alors, science ou magie ? La pratique clinique perçoit ces deux tendances contradictoires chez le malade. La pratique technique, elle, en est incapable : elle est totalement liée à la raison scientifique. Les progrès scientifiques réduisent de jour en jour l'espace magique. Bien sûr, ils ne le feront jamais disparaître, n'en déplaise aux esprits forts, car la magie est aussi poésie, comédie, tragédie…

La médecine, en tant que science, n'a donc aucun lien avec la magie. Les maladies dont les causes et les mécanismes lésionnels sont connus n'ont rien de magique. À une question médicale posée lors d'un examen à la faculté, un étudiant en médecine peut répondre par « je sais » ou « je ne sais pas », jamais par « je crois ».

Il ne faut pourtant pas oublier, j'insiste, que la plupart des malades sont remplis de croyances qui peuvent leur faire admettre des vertus magiques à des pratiques occultes. Comme dans les temps anciens et moyenâgeux, de multiples thérapies sans aucune démonstration scientifique leur sont aujourd'hui proposées par des charlatans conscients ou inconscients – certains d'entre eux finissent par croire en leurs « dons » – ou par d'habiles commerçants.

Durant des millénaires, ces « remèdes » ont eu un rôle de protection surnaturelle. Les prescriptions des anciens sont devenues pour nous étonnantes et cocasses. Urines, excréments, sang d'animaux voisinent avec des décoctions incongrues mélangeant produits animaux et végétaux. Expulser les esprits maléfiques est l'objectif premier. Vomissements, diarrhées, sueurs rejettent les mauvaises humeurs. La purge est le mécanisme le plus sûr. Doit-on s'étonner que nous ayons oublié si vite toute cette pharmacopée expulsive ? Aujourd'hui, nos cerveaux sont occupés par un savoir plus proche du réel. Il n'empêche qu'il reste une part de mystère dans la façon dont on fait confiance à un médecin ou à un médicament. À croire que la manière de donner est meilleure que ce que l'on donne, et que l'effet placebo, celui d'un médicament fictif, est vraisemblablement le pourvoyeur essentiel des bons résultats…

De nos jours encore, le médicament est investi par le malade de pouvoirs dépassant de loin l'efficacité mesurée. Parfois, il inspire aussi la crainte, transposition de la peur de la maladie traitée ou effets de la notice qui l'accompagne et de l'information médiatique foisonnante.

L'ère artisanale et empirique des découvertes issues de la flore végétale s'est étalée sur de nombreux siècles. De multiples plantes ont été mises à contribution. Préparations alchimiques et drogues artisanales ont alors vu le jour. Au Mexique, sous le règne de Montezuma que vainquit le conquistador Hernán Cortés au XVIe siècle, la « pharmacie » royale mise à la disposition de la population contenait des plantes aux principes actifs inconnus en Europe. Faire vomir, faire transpirer, purger… telles étaient les bases du fonds de commerce aztèque. Les plantes narcotiques ou hallucinogènes étaient aussi présentes, préparant aux cérémonies rituelles.

Par la confiance dont ils sont les garants, par la psychothérapie qu'ils doivent savoir mettre en place, les médecins sont évidemment, s'ils en prennent le temps, bien plus efficaces.

– 2 –

L'ÉGLISE, L'INSTANCE QUI SAUVE

De Galien à André Vesale ou Ambroise Paré, treize siècles se sont écoulés sans que la médecine scientifique en Europe ait connu la moindre amélioration marquante ou découverte innovante. Le fait est surprenant et mérite explication.

La décadence romaine et l'arrivée des Barbares en Occident ouvrent une période de régression économique terrifiante. Les famines se succèdent, les épidémies sont fréquentes, les guerres et les invasions constantes, l'insécurité se révèle permanente. Des bandes de brigands terrorisent les populations des villes et des campagnes. Le nombre de personnes qui savent lire et écrire se raréfie au point que Charlemagne lui-même parvient avec peine à tracer les lettres de son nom. Une discrète embellie survient au IXe siècle, rapidement balayée par le régime féodal et ses incessantes querelles guerrières de voisinage qui recréent les conditions d'une vie précaire et d'un monde de misère. Le bien-être concerne très peu d'individus, la pauvreté est le lot de tous les autres. La maladie n'est qu'une malédiction supplémentaire à subir. La vie en ce monde médiéval est pour beaucoup sans espoir.

Le christianisme est le moteur du Moyen Âge européen. Dans une large mesure, l'Église et la société se confondent : la première apparaît comme l'instance qui sauve la seconde. L'Église se présente comme la religion des pauvres. Elle est en guerre contre le diable, les guérisseurs, la sorcellerie, elle est pourvoyeuse d'espoir spirituel par la promesse de l'autre monde, celui d'une félicité immortelle. Les prêtres et les moines, doctes de l'époque, en sont les acteurs. Le savoir est théologique et il bride toute innovation scientifique qui pourrait remettre en question les dogmes religieux. C'est ainsi que la médecine va rester rudimentaire et sans progrès.

Pourtant, les premiers hôpitaux ont fait leur apparition, et c'est aux chrétiens qu'on les doit. Ce sont essentiellement des hospices, œuvres de générosité. Ils accueillent, protègent, nourrissent, soignent. Ils permettent aussi de séparer les malades des bien portants. C'est une innovation d'humanité, de compassion, et, de fait, elle fera date et se pérennisera. Les soins sont placés sous les signes de la charité et de la gratuité. Deux valeurs chrétiennes qui se conjuguent ici : la pauvreté est une source de rédemption et la charité permet aux autres de sauver leur âme en soulageant la misère des indigents et des invalides.

Les premiers hôpitaux n'étaient que des lieux d'accueil où étaient assurés le gîte et le couvert, à l'image d'un milieu carcéral, autant de purgatoires sur terre.

Les évêques dans les villes doivent alors donner le quart de leurs revenus à l'hébergement et aux soins des pauvres et des malades qui sont souvent regroupés près de la cathédrale. Ils se doivent également d'accueillir pèlerins et voyageurs dans d'autres structures hospitalières.

À la campagne, les moines bénédictins ont leurs propres hospices où les visiteurs de renom sont reçus dans une sorte d'hôtellerie avec les honneurs réservés à leur rang. Les largesses de ces riches clients participent au financement d'une partie plus modeste de l'hôpital réservée aux indigents et aux malades. La solidarité, le lien de fraternité sont sans aucun doute plus efficaces que la médecine qui y est pratiquée : celle-ci est, en effet, centrée sur la prière, l'exorcisme, les saintes huiles et les reliquaires, véritables attractions thérapeutiques…

Cependant, quand l'hospice est bien géré, l'hygiène est de rigueur. Dès son entrée, le malade quitte ses vêtements pour prendre l'habit imposé. Tête, mains, pieds sont lavés tous les jours. Le savoir empirique populaire s'ajoute aux bribes de souvenirs de l'enseignement de Galien. Émétiques comme purgatifs sont fréquents. La pharmacopée dépend en premier lieu des ressources du jardin du monastère. L'efficacité est le fruit du hasard, de croyances transmises de bouche à oreille, d'expériences personnelles. Le malade est alors soigné en référence au surnaturel et à la religion. Hippocrate, Aristote, Galien et l'essence naturelle des maladies paraissent avoir été oubliés et semblent déjà bien loin. La société est axée sur un double mouvement : devoir social de générosité pour le lit et le couvert, mais en même temps certaines mises à l'écart pour les malades indigents, en dépit de la solidarité active.

La religion et sa promesse de l'au-delà restent le seul espoir auquel toutes les populations adhèrent. Certes c'est une religion de charité, mais les richesses sont entre les mains de l'Église qui impose une vision surnaturelle de tous les événements quotidiens. Tout est une punition céleste potentielle : la maladie on l'a vu, mais aussi les guerres incessantes, les invasions, les épidémies multiples… Tous ces malheurs vont appauvrir le pays et décimer villes et campagnes.

Durant tout le Moyen Âge, l'enseignement de la médecine n'est pas autonome, il se fait au cœur même des locaux religieux. La médecine fait partie de la *physica*, la science du monde. Elle est étroitement liée à la philosophie et à la religion et son but est de rechercher une explication globale de l'homme. Les mathématiques, les sciences naturelles, l'astronomie ou encore l'alchimie sont au programme. Jusqu'au XVIIIe siècle, l'éducation médicale n'évoluera pas plus que sa science. La formation pratique est limitée à un ensemble de prescriptions où superstitions et folklores sont prédominants. Le savoir empirique reste discret. Le discours théorique tourne principalement autour d'une explication religieuse du monde et d'une théologie rigoureuse, sévère, intraitable pour ceux qui ne suivent pas les règles dogmatiques. La curiosité scientifique est bridée par un courant mystique qui maintient l'enseignement médical dans un moule de pensée rigide, tout à fait en accord avec les croyances de la société de l'époque.

Après le XIIIe siècle, la pensée d'Aristote est pourtant timidement redécouverte. Bien sûr, elle se trouve en contradiction avec la vérité révélée. Les écrits d'Hippocrate et Galien, seules références admises, sont copiés et recopiés par les clercs. Le dilemme entre le savoir et la foi va devenir difficile à concilier. Pour les uns, la nature est le reflet du monde invisible, seul digne de connaissance. Pour les autres, il existe des causes et des mécanismes naturels au monde environnant, prémices de la pensée scientifique médicale.

La lèpre, mal qui répand la terreur

Venue du Moyen-Orient, la lèpre déclenche la terreur au Moyen Âge dans toute l'Europe. Au XIIIe siècle, les léproseries se multiplient en dehors des villes et elles sont placées sous l'autorité de l'Église. Le lépreux serait victime d'un mal envoyé par Dieu pour le punir. Il est donc rejeté de la société et soustrait à la vue des autres hommes. Il ne peut vivre que dans une léproserie dont le budget dépend de fondations privées, des legs de lépreux ou de leur famille, et de la mendicité. Les soignants, des religieux le plus souvent, sont en bonne santé, dévoués à des exclus dont ils partagent la destinée.

Une fois que le diagnostic est posé, le lépreux, dépouillé de ses vêtements, subit la cérémonie d'exclusion : placé entre deux tréteaux représentant un cercueil, le malade entend la messe des morts, le *De profundis* et le *Libera me*. Simulacre de son enterrement, mort factice... Il est ensuite conduit au cimetière où une pelletée de terre lui est jetée sur la tête avant qu'il atteigne son ultime refuge, la léproserie.

Dans notre conception médicale actuelle, nous sommes partagés entre la stupéfaction qu'inspire la forme de rejet de la société que subit le lépreux et l'admiration que suscite le choix personnel que s'imposent les accompagnants… Doit-on admettre que cette contradiction est en adéquation avec le projet commun à tous : gagner le Ciel ? N'ayant pas la possibilité de guérir cette maladie chronique contagieuse, la société protège la population indemne : belle réussite de santé publique ! Dans le même temps, le malade expie sur terre les fautes qui lui ont valu cette affreuse maladie-punition pour être prêt à comparaître devant le Très-Haut. Les soignants eux, par leur sacrifice, seront évidemment dignes du Ciel.

*Le projet pour tous est de se préparer **à** la vraie vie céleste, accessible **à** tous. La félicité céleste avec sa promesse d'immortalité est l'innovation-rupture **qui** permet de supporter les inégalités et les souffrances de la vie terrestre.*

La même politique de santé publique s'applique à d'autres épidémies dramatiques telles que la peste et le choléra. Un cordon sanitaire est établi autour des villes atteintes par la maladie. La quarantaine est imposée aux voyageurs venant de contrées suspectes. Les bien portants sont priés de s'éloigner et les soignants courageux portent des masques. L'Église organise de grandes processions expiatoires pour calmer la colère divine ou demander l'intercession de la Vierge Marie et des saints. Le Ciel est l'avenir.

Les autorités civiles, elles, se protègent ou s'enfuient. Enfin, la recherche ou la poursuite de boucs émissaires met à mal l'étranger, le voyageur ou le Juif. On a encore pu observer ce type de comportement de régression ancestrale au XIXe siècle dans les épidémies de choléra qui ont causé des centaines de milliers de morts.

Qu'en serait-il si, aujourd'hui, survenait une pandémie mortelle ?

La vérité, retour par le Levant

Après la chute de l'Empire romain, le savoir médical hellénique s'était transporté à Byzance. Les connaissances scientifiques accumulées par les Grecs et les Latins reviendront donc de là-bas.

La médecine de langue arabe, fruit des traductions des œuvres des Grecs, des Romains mais aussi des savants de l'Inde, est la première à avoir lié l'enseignement et l'hôpital tout en proposant une pharmacopée plus élaborée. Et c'est d'Italie, de Venise particulièrement, et d'Espagne, pays restés en contact avec le monde arabe, qu'émergera un nouvel élan scientifique. Avicenne, le Persan sous domination arabe au XIe siècle, et Averroès, le Cordouan sous la même domination au XIIe siècle, ont été des figures du progrès médical. Mais c'est Rhazès, persan également, au tournant des IXe et Xe siècles, qui pourrait bien être le plus « médecin », le plus moderne, le parfait clinicien, le meilleur enseignant.

Rhazès a passé les trente premières années de sa vie à Ray, ville située à quinze kilomètres de Téhéran. Il fut tout d'abord connu en tant que musicien virtuose, joueur de luth. Alchimiste, philosophe, astronome, il ne va entreprendre ses études de médecine qu'une fois passée la trentaine. Lecteur assidu des œuvres de Galien traduites en arabe, il devient rapidement un clinicien réputé pour écouter les plaintes de ses patients. Il les examine ensuite à la recherche de signes qui lui permettent, par déduction, de faire un diagnostic. Chimiste de talent – il aurait isolé l'acide sulfurique et l'éthanol –, il développe une pharmacologie rigoureuse qui guide son traitement. Il avait compris que plusieurs médicaments utilisés dans le même temps avaient souvent des effets néfastes.

Aujourd'hui encore, en Iran, Rhazès est célébré chaque 27 août, lors des Journées de la pharmacie.

Ses contributions au monde de la médecine ne manquent pas. On lui doit la description et la différentiation des vésicules de la variole, de la rougeole et de la varicelle. Sa méthode clinique, qui n'a pas vieilli et qui est toujours en vigueur, fit sa renommée. Elle lui permit de devenir directeur de l'hôpital général de Bagdad sous le règne du calife abbasside Al Mukfati. Il développa la visite du patron entouré de ses élèves qui notaient leurs observations et qu'il interrogeait à tour de rôle, des plus jeunes aux plus anciens. On retrouve bien là le monde des externes et des internes entourant les agrégés et le chef de service d'un CHU. Rhazès est le précurseur du compagnonnage, cette méthode si utile à la transmission du savoir pratique entre maître et élève. Avisé, il recommandait la lecture des livres théoriques avant l'exercice pratique.

Précurseur en santé publique, il se fit le défenseur de la diététique et du principe d'hygiène dans la prévention des maladies. Il associait le malade à sa démarche de soins, persuadé que le rôle du médecin était vain si le malade n'adhérait pas à ses prescriptions et ne lui faisait pas totalement confiance.

À ces conceptions de médecin universitaire que nous devrions faire nôtres, il faut ajouter son esprit scientifique capable de discuter voire de rejeter les propos de Galien, notamment son opposition formelle aux dogmes musulmans qui imposent et brident la science médicale. Il avait fait sienne l'idée que la science, qui cherche à expliquer les phénomènes naturels, n'avait pas à être dirigée par la religion. Il était en avance de plusieurs siècles sur le monde occidental… Le Quattrocento et le renouveau économique, commerçant, financier et culturel des Médicis à Florence étaient encore bien loin.

L'enseignement en marche

Au XIIIe siècle en Italie puis très rapidement en Angleterre et en France – la Sorbonne en 1215, Montpellier en 1219, Toulouse en 1229 –, les universités vont naître d'associations regroupant maîtres et élèves pour la défense de leurs intérêts. Le titre de docteur en médecine, réservé aux doctes de l'Université, apparaît en France en 1457. L'enseignement commente les œuvres d'Hippocrate, Galien, Rhazès, Avicenne, Averroès. C'est un art oratoire où priment la beauté et la logique des arguments, la souplesse de la dialectique. Tout est et reste théorique. La société religieuse a du mal à mettre en pratique sa doctrine car si la maladie est signe de Dieu, elle n'en est pas moins un mal qui, comme le péché, maladie de l'âme, doit être combattu par des rites plus que par des découvertes scientifiques.

Les chirurgiens vont être exclus de l'Université parce qu'ils exercent un métier manuel. Ce sera leur chance ! Ils vont pouvoir créer un enseignement empirique échappant aux contraintes intellectuelles et devenir ainsi l'aile active de la science médicale. Ils sont innovants et actifs. Dès le Moyen Âge, ils réduisent les fractures, suturent les plaies, cautérisent.

L'Église, malgré ses réticences et son opposition inquisitoriale, ne va pas pouvoir s'opposer à la soif d'interroger la nature et d'en expliquer les mécanismes. Les Italiens sont les premiers en Europe à se manifester scientifiquement. En 1488, Piero della Francesca parvient à reproduire la perspective pour mieux rendre compte de l'espace à trois dimensions. En 1543, Nicolas Copernic, Polonais installé en Italie pour apprendre la médecine, s'intéresse principalement à l'astronomie et va mettre le Soleil, et non plus la Terre, au centre de l'Univers. Une révolution pour les esprits mais aussi pour les institutions.

Les médecins se différencient soit par leur valeur, soit par leur reconnaissance par la maison royale. Les Français n'ont tout d'abord aucune audience internationale. Puis, lorsque Montpellier devance les facultés européennes, certains d'entre eux deviennent des personnalités de haut rang. Leur culture, acquise dans la connaissance de toutes les disciplines scientifiques, leur permet de côtoyer les souverains et les seigneurs.

Au XVIe siècle, André Vésale et Ambroise Paré sont les grands noms médicaux de la rupture avec les médecins philosophes de la Grèce antique. André Vésale, dans son ouvrage *De humani corporis fabrica* – À propos de la structure du corps humain –, publié en latin à Bâle en 1543, aura une grande influence, d'autant que l'imprimerie inventée au siècle précédent permettra une plus large diffusion de son savoir. Les scrupuleuses dissections de Vésale vont pouvoir être reproduites avec art. Deux cents illustrations d'écorchés posant parmi des ruines sont les symboles d'une nouvelle médecine tournant le dos à la médecine traditionnelle. Un épisode de la guerre des Anciens et des Modernes qui, comme toujours, est à l'image de l'évolution du monde. Vésale apporte, par ses dissections sur le corps humain, des corrections à l'anatomie de Galien. Il place les connaissances anatomiques au centre de tout progrès médical.

Ambroise Paré lui, est un habile chirurgien, particulièrement en traumatologie. Médecin du roi, mais prudent, il a coutume de dire :

– Je le soignai, Dieu l'a guéri.

Belle formule qui souligne bien que la maîtrise du résultat n'est pas encore du ressort humain et que la foi dans le Créateur Maître de tout est l'essentiel.

Ambroise Paré est passé à la postérité pour les soins qu'il administra en 1559 à Henri II, mortellement blessé lors d'un tournoi à cheval à Paris, quai de la Tournelle. Le roi faisait face à son adversaire, Montgomery, capitaine de ses gardes. La lance du capitaine souleva le heaume mal verrouillé du souverain puis se brisa, pénétra dans le cerveau et termina sa course dans la région fronto-orbitaire. Le blessé s'effondra devant les courtisans sidérés. On appela Ambroise Paré et Vésale. En véritable précurseur de la chirurgie expérimentale, Ambroise Paré enleva la lance de la tête du roi, et la replaça au même endroit dans la tête de quatre condamnés à mort récemment exécutés. Il pouvait ainsi être en mesure d'évaluer l'importance des dégâts anatomiques. Il pronostiqua alors une issue fatale. En effet, Henri II mourut neuf jours plus tard d'un abcès du cerveau.

Autre expérience : c'est encore Ambroise Paré qui retira l'épée que le duc de Guise avait reçue dans le visage et que personne n'avait réussi à ôter. Debout sur les épaules du duc allongé par terre, il enleva la lame, emportant des fragments d'os, de peau et de muscle. Le visage du duc cicatrisera spontanément, on pourrait dire naturellement, et il deviendra pour tous « le Balafré ».

À la Renaissance, la médecine rompait avec le passé, s'éloignait du surnaturel, devenait scientifique, mais n'arrivait pas à modifier le cours naturel des maladies.

La pensée magique proposait toujours des thérapeutiques sans preuve d'efficacité. Si les Grecs et les

Romains avaient trouvé la méthode d'observation de la nature mais avaient eu la faiblesse de « philosopher », Rhazès, Vésale et Ambroise Paré furent innovants en se plaçant en rupture des traditions.

Ces mille trois cents années d'absence de découvertes médicales et de progression dans la connaissance des mécanismes régissant le monde, la nature et le fonctionnement du genre humain sont le signe évident d'une société en souffrance… et qui survit sans projet d'avenir terrestre optimiste. La pensée religieuse – chrétienne et musulmane – est bien évidemment fautive, même si elle n'est peut-être pas politiquement sans intelligence. Effectivement, elle croit en un monde meilleur après la mort : le monde d'ici-bas est si misérable au Moyen Âge qu'il peut aisément être considéré comme un passage d'expiation.

Si l'anatomie macroscopique de Vésale signa en quelque sorte le début de la Renaissance, l'absence de science médicale fut la caractéristique du Moyen Âge. Ce vide nous conduit à penser que, lorsque la maladie survient, la condition humaine ne peut compter que sur les qualités de l'humanité des soignants et du pacte de confiance qui les lient aux malades.

Savoir, humanité, confiance forment encore aujourd'hui la trilogie opérationnelle nécessaire et suffisante au service du malade. Ces principes constituent les motivations des médecins et doivent constamment rester présents à l'esprit quand on veut s'intéresser à la santé des individus et des populations.

– 3 –

WILLIAM HARVEY ET LA CIRCULATION SANGUINE

Sapere aude, Ose savoir… On trouve cette expression dans *Les Épîtres* du poète latin Horace, puis en 1784 dans l'essai *Qu'est-ce que les Lumières* du philosophe allemand Emmanuel Kant. Celui-ci ajoute : « Aie le courage de sortir de ton propre entendement. »

Tout savoir et tout progrès en médecine ont suivi et suivent encore cette injonction kantienne. Le fonctionnement organique des êtres humains et leurs maladies sont intelligibles lorsqu'on en cherche les manifestations et les mécanismes. Il faut ensuite découvrir les causes de ces perturbations. C'est seulement selon ce processus que les traitements peuvent être trouvés. Cette démarche est un immense travail, un véritable programme qui touche toutes les générations. Il existe des freins à cet affranchissement que souligne bien le philosophe allemand lorsqu'il écrit : « Si j'ai un livre qui me tient lieu d'entendement, un directeur qui me tient lieu de conscience, un médecin qui juge de mon régime à ma place… je n'ai pas besoin de me fatiguer. » Beaucoup d'hommes se maintiennent pourtant dans cette attitude passive. Ils restent néanmoins et heureusement en « minorité », selon Kant. Ose savoir ! Sors de ta minorité ! Voilà les deux préceptes kantiens. Le progrès à conquérir, véritable rupture, est celui de la connaissance issue des trois piliers : l'observation, l'expérimentation et le raisonnement. Les motifs et les succès de la recherche sont ainsi résumés. Mais la « minorité », par sa paresse et son obscurantisme, est un opposant bien armé ! Elle paralyse, car elle redoute le risque de toute nouveauté innovante.

En 1628 paraît un ouvrage de soixante-douze pages, *Exercitatio anatomica de motu cordis et sanguinis in animalibus* – Dissertation anatomique sur les mouvements du cœur et du sang chez les animaux –, œuvre d'un médecin anglais, William Harvey, qui deviendra un consultant célèbre et qui fut, dans sa jeunesse, passionné de recherche, de savoir, de progrès.

Par sa formation, Harvey est tout imprégné de la conception des anciens. Il est fasciné par le cœur, les artères et les veines ; bref, par les endroits où se trouve le sang. Avec acharnement, il veut savoir et comprendre. Lorsque Harvey débute, Aristote et Galien sont toujours les maîtres absolus et leur « philosophie » du sang est parole d'Évangile.

Pour Aristote, le sang renferme un « esprit vital » qui imprègne les animaux de vie. Pour Galien, la nourriture passe de l'intestin dans le foie, où elle est transformée en sang qui irrigue l'organisme à la fois par les veines et par les artères. Le sang des artères apporte des principes différents de ceux véhiculés par les veines. Dans l'interprétation de Galien, les trajets suivis sont compliqués, ils font appel à la porosité supposée de la cloison située entre les deux ventricules et à l'arrivée des veines dans les tissus. Mais il n'est pas question que le sang « circule »… Si c'était le cas, toutes les autres idées de Galien seraient fausses et archifausses ! Or, à l'époque, il est sacrilège de penser contre le médecin de la Grèce antique. Toute la gent médicale doit adhérer à ces principes. Gare à celui qui se risque à s'opposer à la doxa médicale du temps !

Le jeune Harvey termine ses études au Collège royal de Cambridge au moment où l'anatomiste italien Fabrizi d'Acquapendente cherche à décrire l'anatomie interne des veines. Ce Padovan a vu les valvules et leur morphologie. Sa description laisse penser qu'elles ne permettent la circulation d'un liquide que dans un seul sens, c'est-à-dire des tissus périphériques vers le cœur. Le jeune Anglais s'interroge : la version de Galien serait donc impossible ! Le sujet est d'importance et mérite le voyage : un Italien qui permet de s'attaquer au dogme de Galien doit être écouté ! En 1598, William Harvey se met en route pour Padoue, il y restera cinq ans. Les Européens du XVIe siècle n'avaient pas peur de bouger.

De retour à Londres, toujours aussi passionné, Harvey continue son programme de recherche sur l'animal et découvre que, contrairement à ce que pensaient les anciens, le cœur, les artères et les veines ne sont pas indépendants les uns des autres. Examinant la grenouille, il constate que son cœur est un muscle doté de valves à sens unique, expulsant le sang vers les tissus. Sur cet animal aux battements de cœur lents, il découvre qu'en se contractant, les oreillettes envoient le sang dans les ventricules. Il parvient à mesurer le volume de sang passant par le cœur. En croisant deux données majeures, la fréquence des battements du cœur par minute et le volume de sang éjecté à chaque contraction, il se rend compte qu'en une heure le cœur expédie vers la périphérie une quantité de sang cinq fois supérieure au poids du corps de l'animal. Il en déduit donc que le sang circule en boucle, passant des artères dans les tissus et des tissus dans les veines qui assurent le retour vers le cœur. La découverte est bouleversante. Là encore, il s'agit d'une rupture dans le monde de la connaissance du fonctionnement de l'appareil circulatoire. Après la grenouille, Harvey vérifie ses découvertes sur d'autres animaux et réalise quarante autopsies de cadavres humains, dont ceux de son père et de sa sœur. Il affirmera ainsi le mécanisme fondamental de la circulation sanguine.

Une première : la démonstration physiologique

La découverte d'Harvey représente le premier travail expérimental de physiologie ouvrant un champ d'importance au savoir médical. Elle est la première démonstration physiologique d'une fonction essentielle du corps humain. Jusque-là, les Grecs et les Romains avaient observé d'une part des symptômes et des signes chez les malades, et d'autre part des organes morts, essentiellement ceux d'animaux, puis ils avaient philosophé sur les mécanismes de fonctionnement de ces organes. Harvey lui, a expérimenté sur des animaux vivants. Il a découvert le fonctionnement normal du système cardio-vasculaire et en a déduit que l'homme, qui anatomiquement a, comme la grenouille, un cœur et des vaisseaux, a recours au même mécanisme de fonctionnement. Il a fait preuve d'un raisonnement déductif en situation réelle.

Harvey a donc ouvert la voie de la physiologie, de l'expérimentation vivante qui, nous le verrons, prendra au XIXe siècle toute sa dimension avec Claude Bernard.

Voir au-delà du visible

À défaut d'équipement approprié, Harvey ne pouvait pas voir à l'œil nu la voie de la circulation du sang dans les tissus des artères vers les veines. Marcelo Malpighi, en 1661, sera le premier en mesure de l'observer, grâce à l'utilisation d'un microscope à lentille unique capable de grossir deux cent cinquante fois. Malpighi put voir ce que personne n'avait jamais pu admirer jusqu'alors : le sang arrivant dans les capillaires artériels et repartant des tissus par les capillaires veineux. L'observation microscopique va pouvoir s'associer à l'observation macroscopique. Ce que l'œil ne peut distinguer devient clair…

Il y a donc quelque chose à voir au-delà du visible.
De quoi confondre saint Thomas
et tous ceux qui ne croient que ce qu'ils voient !

À la fin du XVIIe siècle, Antoni Van Leeuwenhoek, maître drapier à Delft, fabriqua plus de quatre cents lentilles grossissantes qui permirent de voir les protozoaires, les spermatozoïdes ou les globules rouges. Devenu chercheur amateur, il constatera la présence de « bactéries » dans sa bouche. Son microscope ne sera dépassé en puissance que plus d'un siècle plus tard.

Le microscope représentait la première innovation-rupture de l'imagerie médicale. La recherche par l'observation venait d'acquérir un outil permettant d'examiner les organes et leurs composants, en les grossissant. Avant cela, les anatomistes n'avaient que leurs yeux… Un avenir prometteur allait s'ouvrir aux histologistes observant les tissus sains et aux anatomo-pathologistes examinant les tissus altérés et lésés.

La découverte d'Harvey fut, pour sa part, le fondement de la physiologie cardio-vasculaire : pour la première fois, un mécanisme essentiel du fonctionnement du corps humain et animal était mis en lumière. Une ère nouvelle s'ouvrait pour les médecins, on savait maintenant qu'il existait des règles de fonctionnement communes à tous les hommes. Nul doute que si le prix Nobel avait existé en 1630, William Harvey en aurait été le brillant lauréat.

C'est peu de dire que l'incroyable travail de William Harvey a fait progresser le savoir, ouvert des voies nouvelles de recherche en médecine. Pourtant, ses découvertes mettront un siècle à être admises. Elles seront combattues par la plupart des médecins « officiels », anglais comme français : impensable en effet de découvrir une chose qu'Aristote ignorait, impensable de contredire ce que Galien a écrit. C'est cet épisode que Molière évoque dans *Le Malade imaginaire* lorsqu'il se moque de Diafoirus, fier de son fils, médecin comme lui, qui « s'attache aveuglément aux opinions de nos anciens et que jamais il n'a voulu comprendre, ni écouter les raisons et les expériences des prétendues découvertes de notre siècle touchant à la circulation du sang »...

L'opposition du corps médical « en place » refusant la découverte si lumineuse d'Harvey fut des plus féroces. Il faut dire que l'absence immédiate de conséquences pratiques ne facilita pas l'acceptation de ce nouveau savoir. Ces conséquences médicales auraient nécessité la connaissance des mécanismes altérant la circulation sanguine et leur traitement. Dans les années 1650, modifier les systèmes établis n'était pas une nécessité absolue, sauf peut-être dans le monde de la recherche.

En 1650, le doyen de la faculté de Paris, Guy Patin, médecin de renom, alla jusqu'à interdire l'enseignement de la circulation sanguine « façon Harvey ». Attitude guidée par deux raisons qui laissent songeur : d'abord, contredire Galien est une faute d'intelligence, ensuite... dans la Bible, il n'est jamais fait référence à la circulation sanguine !

Quelques années plus tard, ce sera Louis XIV lui-même qui imposera ce nouvel enseignement, contre l'avis des universitaires parisiens.

Harvey a ouvert la voie à un savoir plus empirique, alors que les découvertes furent longtemps uniquement cliniques.

Le cœur éjecte donc, à chaque battement, le sang contenu dans le ventricule gauche vers la grande circulation. La valve aortique s'ouvre sous la pression du flux sanguin. Elle se referme immédiatement pour que le sang éjecté dans l'aorte ne puisse pas rebrousser chemin et qu'il continue vers tous les organes qu'il doit nourrir, apportant essentiellement sucre et oxygène.

Avant le début du XXe siècle, en écoutant les plaintes des patients, les cliniciens pouvaient arriver à détecter les manifestations des anomalies valvulaires cardiaques et celles des rétrécissements ou des occlusions des artères coronaires qui irriguent le cœur. Ils pouvaient différencier les divers souffles cardiaques et mesurer la pression sanguine par l'auscultation. Cela dit, jusqu'en 1940, leur efficacité est restée très restreinte car, hormis le repos, le régime sans sel et quelques médications comme la digitaline, l'ouabaïne, la morphine, la trinitrine, ils n'avaient rien à proposer pour faire face aux infarctus du myocarde et aux lésions des valves cardiaques. Le temps était au diagnostic, au pronostic. Pas encore au traitement utile et parfois efficace.

L'ère des techniques du diagnostic

Avec l'électrocardiogramme s'est ouverte l'ère des techniques du diagnostic. Les troubles du rythme cardiaque furent alors décrits, expliqués et reliés à leurs causes. Mais la plus grande révolution restait à venir : la radiologie et le cathétérisme ont fait passer la cardiologie dans le domaine du diagnostic de l'extrême précision. Vers 1950, les chirurgiens furent en mesure de réaliser les premiers exploits salvateurs sur les valves mitrales. Dix ans plus tard, ils pouvaient intervenir sur la valve aortique et tout particulièrement sur une complication tardive de la maladie athéroscléreuse : le rétrécissement aortique.

Ouverte, la valve aortique normale a un diamètre proche de trois centimètres. Au fil du temps, ce diamètre est progressivement rétréci par les plaques d'athérome produites par une maladie chronique, l'athérosclérose. Le seul traitement pour enrayer le mécanisme est la réduction des facteurs de risque : essentiellement hypertension artérielle, tabagisme, diabète, hypercholestérolémie. Lorsque ce diamètre est inférieur à un centimètre, le rétrécissement devient dangereux et rapidement mortel. C'est généralement entre soixante et soixante-dix ans, parfois plus tard, que ce phénomène aortique cliniquement débutant survient. Il se révèle au patient par l'apparition d'une dyspnée ou d'une syncope à l'effort et peut être diagnostiqué par la constatation d'un souffle systolique au foyer aortique lors de l'auscultation cardiaque. Le diagnostic est ensuite confirmé et mesuré par l'échographie, élément essentiel pour l'indication chirurgicale. Depuis 1960, les chirurgiens cardiaques savent et peuvent enlever la valve pathologique boursouflée par des plaques d'athérome calcifiées et la remplacer avec succès. On a d'abord utilisé des valves mécaniques de remplacement, mais qui nécessitaient la prescription d'un anticoagulant afin d'empêcher la formation sur la valve de caillots susceptibles d'emboliser dans le cerveau, les reins ou les membres.

Dans les années 1970, une première grande amélioration a été apportée par un professeur parisien de chirurgie cardiaque, Alain Carpentier. Il a proposé de remplacer la valve rétrécissant l'anneau aortique par une valve biologique et non plus mécanique, supprimant ainsi la nécessité de la prescription d'un anticoagulant.

Sa technique a été adoptée dans le monde entier. On parvient ainsi à prolonger la vie de plusieurs décennies quand l'intervention est réalisée chez des patients de soixante-dix ans en bon état général. Chaque année en France, quinze mille malades profitent de cette intervention. Pour autant, cette prouesse est une lourde opération qu'il ne faut pas prendre à la légère. Elle nécessite la section du sternum et la mise en place d'une circulation extracorporelle permettant d'arrêter le cœur. Une telle intervention ne peut pas être proposée aux malades très âgés, les risques sont trop élevés.

Le traitement du rétrécissement aortique par des dépôts de plaques d'athérome allait profiter des progrès techniques de la coronographie et du cathétérisme coronaire qui ont transformé la vie des candidats à l'infarctus du myocarde. Car l'angine de poitrine et l'infarctus du myocarde sont eux aussi dus à l'athérosclérose, qui, par la formation de ces plaques d'athérome, obstrue les artères coronaires qui irriguent le cœur. Peu avant 1980, la cible des cardiologues interventionnels devenait l'athérome coronaire sous la forme de sténose responsable donc de l'angine de poitrine et d'infarctus du myocarde. Au cours des examens coronarographiques, ils ont commencé à dilater les artères coronaires sévèrement rétrécies chez les malades présentant une douleur coronarienne à l'aide d'un ballonnet gonflable. Mais la dilatation par ballonnet n'avait qu'un effet transitoire, la sténose réapparaissant quelques mois après avoir été écrasée. Ils ont alors mis en place un dispositif métallique cylindrique grillagé appelé « stent » : celui-ci, appliqué contre la paroi, écrase la sténose coronaire et maintient l'ouverture coronarienne. Le premier stent coronaire a été implanté en 1986 à Toulouse par le professeur Jacques Puel. Cette technique sera rapidement adoptée partout dans le monde et aujourd'hui, plus de cent cinquante mille patients en France candidats à l'infarctus du myocarde bénéficient de cette avancée.

À la même époque, à Rouen, un autre cardiologue, le professeur Alain Cribier, reprend l'idée de la dilatation coronaire et tente de la transposer au niveau de la valve aortique. Il met au point sa dilatation par ballonnet, ce qui élargit effectivement le rétrécissement. L'amélioration de l'état du malade est immédiate, même si l'effet bénéfique est temporaire : le rétrécissement se reconstitue en moins d'un an. Ce semi-échec conduit le professeur Cribier, qui s'appuie sur la technique de la dilatation coronaire avec mise en place d'un stent, à mettre au point un stent élargi, valvé, qui épouse les feuillets calcifiés de la valve aortique athéromateuse. Pendant quinze ans, dans l'indifférence générale et malgré le scepticisme de ses collègues, il continue ses travaux sur des cadavres, puis sur des animaux. Il acquiert la conviction que, sans arrêter les battements du cœur, il est possible de déposer par cathétérisme un large stent valvé au sein de la valve aortique calcifiée. Le stent est capable de maintenir une pression suffisante sur la valve malade pour l'empêcher de se rétrécir à nouveau. Il met en évidence les écueils à éviter.

1. La nouvelle valve mise en place ne doit pas obstruer les ostiums des coronaires qui sont situés dans les premiers millimètres de l'origine de l'aorte, tout proches de l'implantation de la valve aortique.

2. Le stent valvé doit faire quatorze à seize millimètres de longueur maximum pour ne pas léser le faisceau de His, situé dans le septum interventriculaire. Ce faisceau commande le déclenchement régulier automatique du battement cardiaque. Sa lésion arrête le cœur et nécessite la mise en place d'un pacemaker.

3. La valve mitrale qui est proche ne doit pas être gênée dans sa mobilité.

Personne, en France, ne croit en son projet, ni le monde industriel, ni le milieu financier. Heureusement, des ingénieurs israéliens permettront à l'aventure de se prolonger.

Le 14 avril 2002, s'entourant d'avis de cardiologues américains, Alain Cribier tente ce que beaucoup pensent impossible : il réalise l'exploit pour la première fois chez l'homme, avec une totale réussite. L'indication est portée chez un malade en collapsus cardio-vasculaire, c'est-à-dire en effondrement de pression sanguine au stade terminal.

L'étonnement et la stupéfaction de l'auditoire du congrès où le professeur Cribier présente son succès sont à leur comble. Bien évidemment, beaucoup le soupçonnent de raconter une histoire impossible. La suspicion s'installe. On se croirait revenu au temps d'Harvey et de Guy Patin ! Alain Cribier n'obtient pas de la nouvelle Agence sanitaire, créée à la suite de l'affaire dramatique du sang contaminé, l'autorisation de poursuivre en France ce type d'intervention.

La démonstration ne paraît pas suffisante, les risques seraient trop grands. À ce moment-là, le principe de précaution n'est pourtant pas encore inscrit dans la Constitution de notre pays. Il faut croire que les esprits s'y préparent déjà. La crainte de l'innovation et celle de prendre une responsabilité au risque d'être poursuivi par un juge s'installent dans les instances… La crainte est diffuse, la peur règne. Il est à peine concevable de constater à quel point un tel exploit rend suspicieux !

La vérité est venue des États-Unis : les études outre-Atlantique ont validé la valve du professeur Cribier. En 2012, dix ans après la pose du prototype, cinq cents centres européens pratiquaient cette technique et plus de cinquante mille patients avaient déjà été implantés dans le monde…

Face au savoir installé, le nouveau savoir est souvent considéré comme une imposture avant toute chose. Prendre le risque de guérir ou d'améliorer la situation d'un malade en état grave, au siècle des normes et des recommandations, se révèle une tâche bien difficile. La nouveauté est paralysée par celui qui ne sait pas et qui ne veut pas être rendu responsable. En quelques années, l'innovation est devenue suspecte par principe. Alain Carpentier et Jacques Puel, par chance, n'ont pas connu la même opposition…

Aujourd'hui, dans notre société, la peur du risque prévaut sur le gain pour le malade.

En 2004, une autre valve aortique inventée en France verra le jour. Elle aussi sera développée à l'étranger… Une innovation française développée à l'étranger, est-ce une nouveauté ? Serions-nous meilleurs dans la découverte conceptuelle que dans le développement industriel ?

Quatre siècles après Harvey, ces innovations ont à nouveau bouleversé le monde de la circulation sanguine et des valves cardiaques, provoquant le même ostracisme que jadis. Aurions-nous oublié la leçon de la découverte d'Harvey ?

Mais ne pas accepter un savoir nouveau n'est pas seulement le fait de l'obscurantisme ; des raisons sociales, administratives, économiques peuvent également intervenir. Changer les comportements et les habitudes demande du courage. Il faut s'attaquer à l'opinion et à ses multiples forces. Il faut réussir à percevoir, au moyen d'une évaluation rigoureuse, ce que ces innovations vont changer dans les comportements, les pratiques et les protocoles. Tout cela n'a qu'un objectif : le bien du malade. Il faut savoir prendre des risques, particulièrement dans un pays comme la France qui a mis dans sa Constitution un article sur le principe de précaution.

Découvertes incompréhensibles, donc « inacceptables » !

En 2012, j'étais invité à prononcer une allocution à Rouen devant une assemblée de plusieurs centaines de cardiologues internationaux représentant des dizaines de pays à l'occasion de la cérémonie du dixième anniversaire de la première intervention d'Alain Cribier. J'ai alors résumé ma pensée ainsi :

« Sages, expérimentés ou pleins d'allant, les médecins sont gens de progrès. *Primum non nocere* est leur axiome universel. Ils ont à maîtriser les risques et non pas à être maîtrisés par eux. L'histoire de la valve aortique percutanée est une occasion à ne pas manquer de prendre une leçon sur l'innovation. C'est une leçon des cardiologues rouennais.

» Pour les patients inaccessibles à la chirurgie, remplacer la valve aortique sans enlever la valve pathologique est une idée révolutionnaire. Le faire sans sternotomie et sans circulation extracorporelle est une prouesse. Fabriquer un implant adapté relève du génie des procédés. L'idée, l'acte, et l'implant produisent une rupture dans la pratique cardiologique, une rupture que je qualifie volontiers d'innovation-rupture. Aujourd'hui, nous savons l'intérêt de la valve aortique percutanée. Pourquoi en 2002 cet intérêt n'a-t-il pas été reconnu par les instances d'évaluation ? Est-ce un manque de confiance ou de clairvoyance ? Du temps a été perdu, responsable d'une perte de chances pour des patients.

» Une idée géniale, une découverte géniale, une innovation-rupture géniale sont, l'histoire des sciences nous le répète, à leur naissance, incompréhensibles, et inacceptables par le commun des mortels, mais aussi par les médecins, accrochés à un savoir, à des convictions, à un exercice, figés par la routine. Ces innovations sont hors des normes de la connaissance, des pratiques, des mentalités, des organisations. Elles font peur, une peur aux multiples facettes : peur pour le patient, peur de la rupture des équilibres sociaux et financiers, peur de la perte de rentes de situation, peur de la perte d'influence. »

Au nom de la bonne marche du monde, les pouvoirs, les croyances, les habitudes rejettent la découverte à son début.

La valve percutanée a connu ce rejet. Par chance, notre professeur rouennais n'a pas eu à se renier. Le Saint Office, en notre siècle, n'a plus de pouvoir en la matière. Mais d'autres croyances sont nées, paralysant trop longtemps l'avancée du progrès. Dans notre pays, on l'a dit, le principe de précaution est entré dans la Constitution et, en son nom, la suppression de tous les risques, et particulièrement ceux qui sont inconnus, est devenu un impératif. C'est devenu un principe législatif, un principe administratif. Ne s'applique-t-il qu'à l'environnement où doit-il être aussi un principe médical ?

La sécurité prend le pas sur le bénéfice médical. S'agit-il de la sécurité des patients ou de celle des décideurs ? Cela se comprend pour une maladie ayant déjà un traitement efficace. Cela ne peut s'admettre pour une innovation bénéficiant à des patients sans solution thérapeutique. Contre la mort que l'on doit repousser, peut-on, doit-on ne pas prendre de risques ? Les médecins n'ont pas à s'y résoudre. Les patients ne le demandent pas, bien au contraire. *Primum non nocere* veut dire que le bénéfice doit être supérieur aux risques. La présomption d'innovation-rupture, dans quelques rares circonstances, mérite d'être retenue. Là se trouve la décision réfléchie et courageuse. Le 5 juin 1944, le général Eisenhower, malgré le risque de tempête, a pris la décision de lancer cent cinquante mille hommes dans le débarquement sur les plages normandes. A-t-il respecté le principe de précaution ?

Vous pourriez penser qu'un ancien président d'une agence d'évaluation en santé ne devrait pas tenir de tels propos. Pourtant je les tiens, parce qu'en médecine les progrès qui révolutionnent imposent de donner au plus tôt leurs chances aux patients.

La définition du génie m'est inconnue. Nous connaissons les génies par leurs productions et Paul Valéry soutenait qu'un génie était convaincu, persévérant et travaillait dix-huit heures par jour. Dilater les rétrécissements aortiques en 1985 fut une nouveauté vite dépassée, mais la pose de la première valve percutanée salvatrice en 2002 fut une innovation-rupture due à la persévérance d'une conviction.

Depuis 1946 et la découverte de la streptomycine, nous devrions nous rappeler que peu de malades suffisent parfois pour faire une démonstration. Six malades atteints de méningite tuberculeuse, affection spontanément toujours mortelle, traités par voie intrarachidienne, ont tous guéri. Le premier antibiotique antituberculeux efficace était découvert. Un seul malade hémodynamiquement transformé par le professeur Cribier était un fait médical qui aurait dû attirer l'attention et le soutien des agences d'évaluation.

Une innovation-rupture, à son début, est plus qu'une nouveauté. C'est un changement radical qui n'a pas besoin d'un grand nombre de mises en œuvre pour marquer les esprits et modifier la pratique lorsqu'elle s'adresse à des patients inaccessibles à tout autre traitement. N'était-ce pas le cas de la découverte de cette valve ?

La France, à la suite d'une évaluation apeurée et incompétente ne reconnaissant pas l'innovation, allait laisser se développer cette découverte sous d'autres cieux plus entreprenants. Ce n'est pas la première fois. Pourrait-il s'agir de la dernière ? Elle s'est reprise, non sans mal, cinq ans plus tard, par une nouvelle évaluation conseillant de rembourser la valve percutanée dans son indication première.

Le statut d'innovation-rupture mérite protection et un trajet chaque fois spécifique. Il ne peut pas se confondre avec celui d'un dispositif nouveau cherchant à égaler ou à discrètement améliorer un dispositif déjà existant. Au tout début, dans les pays où les soins sont à la charge de la communauté, une autorisation de remboursement provisoire doit être donnée. Seuls des médecins au fait des pratiques, formés aux règles de l'évaluation, insensibles à tout type d'influence, sont capables de la conseiller. Leur savoir médical et éthique doit leur permettre de reconnaître l'intérêt de la découverte. Ils doivent déterminer les indications, prévoir la population concernée, proposer le programme de formation des professionnels, le type de suivi – tenue d'un registre ou essais comparatifs – pour déceler au plus tôt les risques à maîtriser et recommander l'organisation efficace et efficiente. Ils doivent annuellement refaire leur évaluation.

La valve aortique percutanée en est encore à ses débuts. Elle connaît ses indications princeps : patients inaccessibles à la chirurgie et à haut risque chirurgical. Des essais comparatifs avec la chirurgie restent à faire pour connaître les indications de demain. La technique de pose, la durabilité des valves, leurs différences méritent d'être étudiées, de même que les organisations prenant en charge les patients.

L'histoire de la valve percutanée aortique est exemplaire quand on veut démontrer les difficultés engendrées par la réglementation française actuelle lorsque est proposée une innovation technique susceptible de transformer l'avenir de malades jusque-là sans traitement efficace. La peur du risque a pris le pas sur l'intérêt du bénéfice. Que de découvertes essentielles du temps passé auraient aujourd'hui du mal à voir le jour dans notre pays !

– 4 –

LOUIS XIV ET LES MÉDECINS

Le 10 août 1715, Louis XIV se sent très fatigué. Le dernier et fatal épisode médical de sa longue vie commence. Il ressent des douleurs intenses à la marche : au bout de quelques pas, il est impérativement obligé de s'arrêter. Deux jours plus tard, dans l'après-midi, il éprouve une vive douleur dans la jambe gauche. Le lendemain matin, il est porté en chaise à la chapelle, pour assister à la messe, comme il le fait chaque jour. Un peu plus tard, debout, immobile, et sans aide, il reçoit en audience l'ambassadeur de Perse. La dernière cérémonie officielle du règne ! Il l'a probablement assurée au prix d'une insupportable souffrance.

Guy-Crescent Fagon, premier médecin du roi depuis plus de trente ans, adepte de Galien, est né la même année que son souverain, il a donc soixante-dix-sept ans. Il pose sur son royal patient le diagnostic incroyable de sciatique. D'où vient une telle erreur ou un tel mensonge ? Se veut-il rassurant ou se trompe-t-il vraiment ?

À ce moment-là, la jambe gauche est probablement douloureuse de tout son long, elle est blanche, le pied est froid, les pouls abolis. À une époque où l'analyse du pouls était un temps essentiel et prolongé de l'examen clinique, on ne peut qu'être surpris d'un tel diagnostic. Le jugement de l'eau, c'est-à-dire l'examen des urines, l'autre temps prioritaire de l'examen de l'époque, ne peut apporter aucun élément utile au diagnostic. Comment ne pas se rendre compte que les pouls ont disparu tout au long d'une jambe quand on a passé sa vie à qualifier le pouls avec plus de vingt adjectifs différents ? Chaque maladie avait son pouls : dur, culbutant, plein ou vide, court ou mince comme un cheveu, lent ou précipité, tranchant ou confiné, long ou court, puissant ou creux, pour ne citer que quelques-uns des caractères possibles ! À croire que le médecin du roi ne sait pas examiner ou n'a jamais réellement appris.

Aujourd'hui, par notre pratique de cliniciens bien formés, nous n'aurions pas besoin d'examen complémentaire pour affirmer ce dont souffrait le roi : ischémie aiguë du membre inférieur gauche. Les éléments à notre disposition : douleur, épisodes de crampes douloureuses survenant à la marche, que nous appelons aujourd'hui claudication artérielle, l'examen d'un membre froid, blanc et sans pouls sont sans appel. Une occlusion barre l'artère fémorale profonde. À quoi est-elle due ? Telle est la question. Rien n'évoque une embolie d'origine cardiaque, il faut penser à une artérite des membres inférieurs et à une thrombose artérielle sur une sténose athéromateuse. Nous confierions le Roi-Soleil en urgence au meilleur chirurgien vasculaire de Paris. L'occlusion artérielle serait immédiatement levée et vraisemblablement la gangrène et la nécrose évitées.

Mais en ce mois d'août 1715 à Versailles, l'évolution naturelle suit son cours. La douleur est constante. Le roi perd l'appétit. Le 19 août apparaît une petite noirceur au pied. Début de gangrène. L'artère fémorale est sûrement thrombosée depuis une semaine. L'heure de l'amputation est venue. Elle ne sera pourtant pas pratiquée.

La gravité de l'état du roi est perçue par tous, Fagon fait venir de Paris dix sommités médicales. Par rang d'ancienneté, l'un après l'autre, ils prennent le pouls royal puis se réunissent pour décider de la conduite thérapeutique. La solution n'existe pas et ils le savent. Doctement, ils prescrivent : le roi doit boire… du lait d'ânesse ! Absurdité. Le roi, lui, a compris et remercie l'aréopage. Le 24 août, le pied est totalement noir, l'odeur devient pestilentielle, la mort s'approche. Louis XIV n'en a pas peur. Il redoute seulement le jugement du Dieu céleste, lui qui passe pour le représentant de Dieu sur la terre. Il se prépare à la rencontre dans la crainte. L'état de la jambe s'aggrave encore. La gangrène remonte jusqu'au genou et bientôt s'étend à la cuisse, les médecins ne sont pas en mesure d'apporter un soulagement. Il faut donc faire appel à la médecine imaginaire et aux charlatans. Fagon doit laisser la place à Lebrun, un Marseillais qui affirme posséder un remède infaillible contre la gangrène… Le roi n'a qu'à boire quelques gouttes d'un élixir magique dans un petit verre de vin de Bourgogne ! Il en boira à deux reprises, avec l'efficacité que l'on imagine.

Aujourd'hui encore, Lebrun aurait certainement fait recette. Nos armes thérapeutiques, médicamenteuses, chirurgicales, de radiologie interventionnelle sont pourtant bien plus performantes que celles de ce début de XVIIIe siècle. Mais l'imaginaire mythique reste toujours très puissant.

La mort tient sa proie royale. Le roi va mourir de l'ischémie aiguë du membre inférieur et de la gangrène qui dérèglent tous les métabolismes. Louis XIV en est bientôt à un stade où la guérison n'est plus techniquement possible, même avec les armes actuelles. Aujourd'hui, on lui aurait administré des médicaments qui auraient rendu sa douleur plus supportable, voilà tout.

Un mois auparavant, les possibilités médicales actuelles se seraient limitées à une tentative de désobstruction artérielle et si nécessaire, parce que examiné trop tard, une amputation. Surtout, la santé du roi aurait été traitée bien en amont : en suivant le souverain quand il était plus jeune, nous aurions été capables de prolonger sa vie de quelques bonnes années. D'après ses biographes, le Roi-Soleil était un bon vivant, un énorme mangeur, son appétit était pantagruélique. Un comportement alimentaire qui l'a sans doute rendu pléthorique et candidat au diabète. Souffrait-il d'hypertension ? Qu'en était-il de son cholestérol ? Il aurait été traité pour facteurs de risque d'athérosclérose, hypertension, obésité, diabète, hypercholestérolémie. Nous aurions surveillé son poids, diminué ses apports caloriques, stabilisé sa tension et sans doute prescrit une statine, médicament qui limite le mauvais cholestérol…

Mais Louis XIV ne bénéficie pas de toutes ces avancées médicales. Le 1er septembre 1715, peu après minuit, le roi prononce ses dernières paroles :

– Ô mon Dieu, venez à mon aide, hâtez-vous de me secourir !

Peu après il perd connaissance. Il expire à 8 h 15. Quatre jours plus tard il aurait eu soixante-dix-sept ans.

Tout au long de ses soixante-dix-sept années, il a fait preuve d'une constitution robuste : il a survécu à la variole, à la scarlatine, à la rougeole, des maladies souvent mortelles à l'époque. De plus, Sa Majesté n'était pas sensible aux discours de ses médecins qui lui recommandaient la modération. Quelle tâche impossible d'avoir à conseiller Dieu sur terre !

Le roi a aussi échappé à toutes les complications iatrogènes des prescriptions de ses médecins. Ceux-ci, choisis parmi les meilleurs, ont abusé de traitements qui n'existent heureusement plus depuis plusieurs décennies comme les saignées, les purges ou les lavements… Le roi en aurait subi plusieurs milliers ! Il a également subi des interventions chirurgicales sévères, sans anesthésie bien sûr.

En 1685, à seulement quarante-sept ans, il n'a plus de dents. Au cours de la dernière ablation, on arrache même une portion du palais, si bien que dès lors, lorsque le roi boit, une partie du liquide fuit par le nez.

L'année suivante, une tumeur anale, ouverte à la lancette, se transforme en fistule. Après deux mois au cours desquels il a été livré aux charlatans et leurs remèdes miracles, l'opération chirurgicale s'impose. Elle est réalisée le 18 novembre, toujours sans anesthésie, inconnue à l'époque, par le chirurgien Charles-François Félix. L'intervention dure et le roi endure, sans dire un mot, à part deux « Mon Dieu ! » qui lui échappent. L'opération est un succès, le courage du roi est souligné par tous, sa popularité en sortira même grandie.

À ce moment-là, la reine Marie-Thérèse a déjà quitté cette vallée de larmes. Trois ans auparavant, en 1683, âgée de quarante-cinq ans, elle a succombé en quatre jours à un état infectieux qui s'était manifesté le 23 juillet par une forte fièvre accompagnée d'un furoncle de l'aisselle. Il s'agissait vraisemblablement d'une septicémie à staphylocoque, fréquemment mortelle à cette époque, mais qu'un infectiologue d'aujourd'hui aurait guérie en quelques jours avec un antibiotique adapté.

Son fils le Grand Dauphin est mort, lui, de la variole le 14 avril 1711. Jenner n'était pas encore né, qui vaccinera le premier homme quatre-vingt-quinze ans plus tard.

Le nouveau Dauphin, petit-fils du Grand Roi, et sa femme mourront de la rougeole en février 1712. Impensable aujourd'hui, sauf dans les familles qui redoutent et refusent la vaccination, par manque de savoir ou de réflexion.

Il y a trois cents ans à peine, la médecine était sans efficacité, qu'elle soit exercée par des médecins ou des charlatans. Les uns savaient un peu et ne pouvaient techniquement rien. Les autres ne savaient rien, mais faisaient partager leurs croyances. En dehors de quelques gestes chirurgicaux, particulièrement en traumatologie, l'action thérapeutique était du domaine du placebo. Les maladies se développaient selon une évolution naturelle. Lorsqu'elles étaient graves, la mort survenait. Lorsqu'elles étaient bénignes, elles guérissaient toutes seules, à moins que les multiples saignées ne viennent se charger d'aggraver la situation. Les thérapeutiques médicales relevaient de l'empirisme. Elles étaient inefficaces ou dangereuses et le roi ne se trouvait pas mieux loti que le premier manant venu. Mille ans plus tôt, l'efficacité était déjà la même. Hormis la découverte d'Harvey, le savoir médical n'avait pas véritablement progressé. Les sciences mathématiques et physiques, elles, avaient avancé. Kepler, Newton, Descartes, Pascal avaient déjà produit leurs œuvres. Les règles de la gravitation, de l'astronomie, étaient mises au jour… mais l'heure de la médecine n'avait pas encore sonné.

Le Grand Siècle français a connu des œuvres prestigieuses. Corneille, Molière, Racine nous enchantent encore aujourd'hui. La Fontaine et ses fables se récitent avec délectation. Mais des savants médecins de cette époque, aucun n'est arrivé jusqu'à nous. Ils sont seulement connus pour leurs chapeaux pointus, leurs robes noires et leurs discours en latin… de cuisine. Molière nous l'a dit à maintes reprises.

En effet, en ce temps, le savoir médical est encore celui de Galien. La mort familière est à tout instant présente. La mortalité infantile est toujours très élevée quel que soit le milieu social, la moitié des enfants d'une famille meurent en bas âge. La mort est tellement fréquente qu'elle ne fait pas peur. On pense que le Créateur l'a voulu ainsi, la mort inexorable permet d'atteindre le royaume céleste. La maladie ne crée aucune injustice, elle frappe avec la même rigueur le puissant et le misérable. L'homme naît, vit, meurt. Le programme est le même pour tous. La mort est l'ennemie, la maladie son alliée.

Faire reculer la mort ?

– Je ne me sens pas bien.

– Je ne suis plus ce que j'étais.

– Que puis-je bien avoir ?

– La douleur m'accable. Je souffre. Que dois-je faire ?

– Vais-je guérir ? Vais-je mourir ?

– La mort est-elle pour demain ? Pourquoi existe-t-elle ? Qui peut m'aider ? Qui va m'aider ?

Qui peut se targuer de n'avoir jamais eu l'esprit traversé par une de ces questions pleines d'inquiétudes et d'angoisses ?

Par don de soi, à deux réunis, nous transmettons la vie comme un relais. « Le roi est mort, vive le roi ! » pourrait être la devise de tous les vivants. La descendance ne peut s'épanouir que si les parents disparaissent. Ainsi se prolonge l'espèce. La mort règne sur tous, l'un après l'autre nous sommes appelés à disparaître. Telle est la loi humaine la plus certaine. Elle est le fait de la biologie, mais aussi de l'économie, comment en effet parvenir à nourrir des bouches immortelles ? Grace aux progrès du savoir et des possibilités des médecins, la durée de vie s'est allongée.

Philippe Auguste, mort en 1223, est le premier roi de France qui ait connu son petit-fils, le futur Saint Louis, né en 1215. De nos jours, nombreux sont ceux qui connaissent leurs arrière-petits-enfants et les centenaires ne sont plus des exceptions. Oui, la médecine progresse et la mort recule. Nous gagnons maintenant contre des maladies des batailles que nous aurions perdues il y a peu encore. Nous en gagnerons de nouvelles, à n'en pas douter.

Avec humanité et savoir, dans un système de santé solidaire, les médecins peuvent et doivent aider chacun à garder l'espoir qui maintient en vie. Cette médecine bien faite est même devenue une belle arme terrestre. Mais quelles que soient nos recherches, nos combats, nos compétences et nos progrès, la victoire finale reste et restera à la Grande Faucheuse. Le jour venu, la biologie, notre biologie, nous confie à la vermine. Comment comprendre ? Qui peut expliquer ? Qui peut accepter ? Il faut s'adapter, combattre, se soumettre ou abandonner.

Au XVIe siècle, Montaigne, qui préférait l'homme à la tête bien faite plutôt que bien pleine, a proposé l'expression magnifique et lumineuse : « la mort apprivoisée ». Les choix, les idées, les croyances, les espoirs, les hésitations des anciens à son sujet sont aussi à connaître. Ils sont matérialistes et conduisent au néant. Ils sont spiritualistes et conduisent à un monde meilleur. Le pharaon mort est embaumé, momifié, puis porté au fond d'une pyramide en vue d'immortalité… Mais trois à quatre mille ans plus tard, il est exposé dans un musée à Londres ou à Paris…

Le concept de l'éternité dans un monde meilleur voulu par le Créateur existe depuis l'aube des temps. William Shakespeare, le comédien, le génial dramaturge, dans la dangereuse époque élisabéthaine, fait de la mort un sujet mystique, lui qui est aussi un splendide magicien. Son imagination se montre sans limite, elle captive les esprits de son temps et sans doute encore les nôtres. *Hamlet, Macbeth, le roi Lear, Le Conte d'hiver, La Tempête* ont pour toile de fond la mort et la magie. On trouve dans toutes ces pièces des fantômes, des magiciens ou des sorcières appelant et ressuscitant les morts pour prédire l'avenir.

Ramener les morts à la vie n'est pas un sujet raisonnable pour la science médicale. C'en est un, en revanche, pour la science occulte : un sujet brûlant, troublant et parfois passionnant pour les esprits normaux, agitant souvent et faisant délirer les psychotiques, et exploitant toujours la crédulité du public.

Quelle est la part de magie dans la réalité ? Une part qui tend à diminuer au fil du temps mais qui semble toutefois si nécessaire à beaucoup.

Les rois de France mouraient en un dernier spectacle. Malgré la douleur de l'ischémie et de la gangrène, Louis XIV s'éteignit dans l'angoisse du jugement de Dieu. Mériter le Ciel, retourner auprès du Créateur était le projet de l'Ancien Régime. Le roi se considérait déjà comme le représentant de Dieu sur terre dans des civilisations bien plus anciennes, où le bonheur n'était pas prévu ici-bas. Dans ces conditions, la médecine ne pouvait avoir qu'un rôle subalterne. La protection des pauvres, des contagieux, des insensés était par conséquent affaire de générosité et d'exclusion expiatoire.

En matière de soins et de santé, on considérait que le *fatum* était déterminant, il imposait irrévocablement sa loi surnaturelle et les « chapeaux pointus » n'avaient rien d'autre à proposer que la courageuse acceptation de l'évolution imposée par les maladies. L'absence de savoir biologique, la superstition folklorique, le charlatanisme avaient droit de cité.

Dans cette période, la science, en dehors de l'observation du malade, était pratiquement absente. Dans les rapports humains, au contraire, tous les comportements étaient mis en place : pacte de confiance, générosité, dévouement, compassion, probité, protection des plus démunis parmi lesquels on compte les malades. Bien peu de science encore, mais beaucoup d'efforts dans la recherche d'une structure sociologique humaine.

Lavoisier mourut guillotiné parce que la Révolution n'avait pas besoin de chimiste ou de savant. Les Khmers rouges, deux cents ans plus tard, ont eu la même idée. Talleyrand, l'évêque, le renégat, l'excommunié, malade, négocia des années avec le pape pour pouvoir être inhumé dans le sein de l'Église. En 1838, conscient de la publicité que sa reddition occasionnerait, il fit appeler le curé de nuit, à la sauvette, deux heures seulement avant qu'il décide de rendre son dernier soupir.

Bonheur et espérance de vie sont-ils liés ?

Revenons au Roi-Soleil. Il pouvait s'estimer heureux d'avoir eu une vie aussi longue. L'espérance de vie au XVIIIe siècle – et jusqu'au début du XIXe – était d'une trentaine d'années. Chez les Romains, elle n'était que de vingt ans. Ce n'est que depuis deux siècles que la durée de vie moyenne augmente, et de manière exponentielle. De nos jours, le nombre de centenaires est chaque année plus important, l'espérance de vie sans infirmité aux âges avancés augmente.

Pour autant, avons-nous gagné en bonheur ? Une chose est sûre, par la prévention qui supprime des maladies et par les guérisons que la médecine moderne permet, les médecins concourent à un mieux-être global, à une meilleure qualité de vie. Ils permettent ainsi à chacun de choisir l'existence qu'il veut mener. Est-ce suffisant ? Sans doute pas. La route est encore longue et probablement sans fin, il faut toujours chercher à mieux soigner demain : il reste tellement de maladies que nous ne savons pas guérir.

Un défi : maîtriser les maladies du grand âge

Aujourd'hui, nous avons éradiqué beaucoup de maladies du jeune âge mais il nous reste à nous rendre maîtres de celles du grand âge. Les technologies de demain et la télémédecine apporteront la présence médicale à domicile. Il faut se préparer à de nouvelles innovations technologiques et à de nouvelles ruptures. L'horloge biologique sera bientôt la seule donnée mettant fin à notre destinée terrestre… à moins que la connaissance du génome nous permette de modifier l'heure de cette horloge. Peut-on, sans sourire ni nous prendre pour des apprentis sorciers, penser que la mort des humains sera supprimée ? Pauvre monde, penserait Malthus !

Les dés sont jetés. À l'époque du Roi-Soleil, mourir à vingt ans était banal, à cause de maladies aiguës infectieuses, de traumatismes ou de malnutrition. Le projet de vie était court. Les femmes vivaient le temps de procréer un grand nombre d'enfants, et rares étaient celles qui dépassaient l'âge de la ménopause. Aujourd'hui, nous mourons de maladies chroniques après avoir donné naissance à un petit nombre d'enfants ou à pas d'enfant du tout.

L'évolution a tranché. Un jour peut-être, la médecine sera efficace. La mort alors nous surprendra vieux et en bonne santé.

– 5 –

EDWARD JENNER, PREMIÈRE VICTOIRE PAR LA VACCINATION

Avant Edward Jenner, né en 1749, aucune maladie dite « mortelle » ne pouvait être guérie par traitement médical. Par leur action mécanique, les chirurgiens se montraient parfois capables de réparer des dommages, d'origine traumatique pour la plupart. Mais l'efficacité des traitements médicaux n'était absolument pas perceptible à l'échelon d'une population. Rien ne permettait donc de s'opposer à l'idée que toute maladie contagieuse était le fruit du *fatum*, du hasard, d'une intervention diabolique ou, pour le moins, maléfique.

La kyrielle des maladies infectieuses endémiques et des infections que la modernité médicale d'aujourd'hui guérit et met au rang de banalités menait tous les jours, quel que soit l'âge, un grand nombre de malades au cimetière après avoir semé inquiétude, angoisse et terreur. Dans l'arsenal médical, rien ne s'opposait à l'évolution naturelle de toutes ces affections que l'on savait à peine reconnaître et différencier. Malgré quelques progrès pratiques en médecine au siècle des Lumières qui avait rendu la vie en société possible, les hommes étaient sans armes. Avant Jenner, le savoir des médecins avait empiriquement progressé, mais leur efficacité restait illusoire. Avec lui, l'espoir et le pouvoir allaient changer de camp. Jenner allait permettre qu'une maladie des plus effrayantes puisse être évitée et, en deux cents ans, rayée de la carte du monde. Grâce à Jenner, le genre humain se rendrait maître d'un fléau biologique permis par la nature : la variole. Il sera à l'origine de la première victoire de la médecine de santé publique.

L'efficacité des vaccinations de notre temps devrait nous paraître un conte de fées tant les connaissances médicales du temps de Jenner étaient faibles et les pensées éloignées de ce qu'il allait rendre possible. Il a donné naissance à un pouvoir, une maîtrise qui allait faire reculer la mort. Il a changé la vie de tous en exploitant au mieux les possibilités de l'intelligence humaine. Chacun d'entre nous est apte à percevoir ce progrès et la fulgurance de son efficacité.

Deux siècles après son instauration, nous aurions presque tendance à considérer la vaccination comme une banalité, un dû à exiger. Pourtant, notre condition nous habitue aussi à subir et à supporter. Elle nous conduit à considérer que l'inconnu est le moteur essentiel de notre destinée. Reprenant de mauvaises habitudes, nous pourrions oublier les bienfaits que permet le progrès. Un malheur ne survenant jamais à coup sûr – tout le monde n'attrape pas la variole –, vouloir prévenir la contamination pourrait bien être pour certains un risque ou une contrainte à ne pas accepter. Rien pourtant en médecine n'a été aussi dynamique et créateur que la découverte de la vaccination contre cette maladie.

La vaccination a prouvé que la médecine était capable de guérir. Plus encore, elle a permis de prévenir le risque de la propagation d'une maladie jusqu'à la faire disparaître.

Jenner a ouvert la porte aux pastoriens – les continuateurs de Pasteur –, à leur découverte des mécanismes expliquant l'action vaccinale, à la découverte de nouvelles vaccinations. La vaccination antivariolique est une sorte d'alpha du pouvoir de la médecine, le point de départ de la prévention médicale. Toutes les autres vaccinations ont suivi son sillage : la peste, la rage mais aussi le tétanos, la diphtérie, la fièvre typhoïde, la grippe, la poliomyélite antérieure aiguë ne sont plus des fléaux. D'autres victoires sont possibles et même nécessaires, les maladies à vaincre sont encore nombreuses.

La menace permanente des épidémies

Si aujourd'hui nous savons tout sur la variole – tout ce qui nous est utile du moins –, Jenner, lui, n'avait que très peu d'éléments sur cette pathologie lorsqu'il a commencé ses travaux. Les premiers cas de variole semblent avoir été recensés dès deux ou trois mille ans avant Jésus-Christ. Le virus responsable serait apparu en Extrême-Orient, en Chine ou en Inde. La maladie installe dès lors une terreur qui va durer environ quatre mille ans, de cette première manifestation extrême-orientale jusqu'au tout début du XIXe siècle. Très vite, on constate qu'elle est terriblement contagieuse, uniquement interhumaine et se serait propagée en suivant la route de la soie. Une momie d'un pharaon du XIIe siècle avant notre ère porte la trace du passage de la variole : des cicatrices, des séquelles cutanées.

Les vagues d'épidémie pouvaient survenir à n'importe quel moment de l'année, la menace était permanente. La maladie se transmettait par le flux respiratoire et par le contact de tout ce qui avait touché les pustules cutanées. Les cicatrices étaient capables de maintenir le virus vivant pendant des années. Une maladie puissamment contagieuse, donc, et souvent mortelle puisque personne ne savait la guérir.

Ses premiers signes étaient redoutables et justement redoutés. Ils plongeaient tout l'entourage du nouveau malade dans l'angoisse : forte fièvre et violentes céphalées, puis apparition d'une éruption cutanée rapidement pustuleuse. Certains réchappaient de ce qu'on nommait alors la petite vérole – « grande vérole » étant le nom donné à la syphilis que nous savons guérir avec la pénicilline depuis 1943. Mais la moitié au moins des sujets atteints de petite vérole décédait en moins d'une semaine. Les enfants payaient le plus lourd tribut à ce fléau, les adultes résistaient mieux apparemment.

Depuis des siècles et selon Galien, les maladies infectieuses étaient provoquées par des « miasmes », des poisons se propageant dans l'air. La génération spontanée avait la faveur des savants de l'époque, les germes n'avaient pas encore été découverts. Pour eux, c'était la matière en décomposition qui était à l'origine de la formation des fameux miasmes.

Des vésicules sur les mains des fermiers

En 1773, à la fin de ses études de médecine, Edward Jenner a vingt-quatre ans. Il retourne dans son village natal d'Écosse pour y pratiquer ses métiers de médecin et de chirurgien. Deux ans plus tard, il fait part à son maître chirurgien, John Hunter de la faculté de médecine d'Édimbourg, de ses réflexions sur la variole… Révélations qui vont bouleverser le savoir et la pensée des médecins.

Jenner sait que les fermiers qui traient les vaches ont sur les mains des pustules semblables à celles que l'on voit sur les pis des animaux : on trouve sur les pis le *cow pox* ou vaccine, du mot latin *vacca*, vache. La chose est observée par tous depuis quelques dizaines d'années. Cette observation vient-elle d'un vacher qui en a parlé à un médecin ? Jenner l'a-t-il lui même remarqué ? L'inspection est un temps de l'examen clinique qui demande un sens développé de l'observation.

Mais Jenner ne s'arrête pas là. Les vachers qui ont des pustules n'attrapent pas la variole. Combien a-t-il vu de vachers à pustules en deux ans de recherches ? C'est une observation d'épidémiologiste : un fait d'observation, un fait de corrélation et un raisonnement qui le conduisent à proposer d'inoculer le contenu d'une vésicule de vaccine pour préserver de la variole.

Les Chinois avaient compris dès le XIIe siècle que l'on pouvait prévenir de la variole en *variolisant.* Comment ?

Ils injectaient sous la peau le pus d'une pustule variolique. Le traitement fonctionnait pour beaucoup, mais certains développaient la maladie et en mouraient. Le risque était trop grand.

Le mode de pensée de Jenner reste un modèle parfait de l'approche médicale d'un patient, d'une part, et d'un expérimentateur scientifique, d'autre part… La variolisation, avec son risque de transmission de la variole, n'était pas encore la vaccination. La vaccine était une maladie bénigne, sa vésicule ne contenant pas de pus. La logique de Jenner tient compte du risque encouru.

Il explique son projet à son maître, tout paraît si simple que John Hunter, persuadé et convaincu, se fait pressant. Il assaille de questions son ancien étudiant…

– Pourquoi réfléchir ? Pourquoi ne pas tenter l'expérience ?

En réalité, il semble bien que l'expérience ait déjà été réalisée… En 1769, Johan Struense aurait inoculé la vaccine au prince héritier du Danemark. Jenner, lui, mettra plus de vingt ans pour se décider. Dans un premier temps, il a sûrement dû surveiller des fermiers ayant des pustules sur les mains. Au bout de combien de vachers n'ayant pas développé la variole s'est-il décidé ? Combien de fois a-t-il injecté le contenu d'une vésicule vaccinale avant de vérifier que la variole ne pouvait survenir ?

La découverte de Jenner sera une révolution. La révélation de l'intérêt du principe de la vaccination, par la publication en anglais de son « Enquête sur les causes et les effets de la vaccine de la variole », changera le destin de la maladie.

Au XXe siècle, on démontra que deux formes de variole s'étaient développées, l'une bien plus virulente que l'autre et qui s'attaquait à tous sans distinction, riches ou misérables. Staline attrapa la maladie à l'âge de dix ans et tenta toute sa vie d'en dissimuler les cicatrices visibles sur son visage.

La variole aurait fauché soixante millions de vie au XVIIIe siècle et plus de trois cent millions au XXe avant qu'elle soit définitivement éradiquée dans les années 1980. Les chiffres sont-ils exacts ? Ont-ils pu être calculés avec précision ? Peu importe, au fond. La variole était une terrible maladie qui décimait en quelques jours des familles entières.

Encore une fois, on peut légitimement se demander si, avec le principe de précaution et le risque zéro qui s'imposent chez nous face à l'innovation, une telle découverte serait aujourd'hui possible. Pourrait-elle passer les arcanes de notre système d'évaluation ? Autre temps, autres mœurs.

Le 14 mai 1796, en Écosse, soit vingt et un ans après sa première intuition, Jenner inocule à James Philipps, un enfant de huit ans, le liquide d'une vésicule de vaccine. La réaction clinique est légère : petite fièvre et quelques vésicules. Six semaines plus tard, Jenner inocule cette fois à son jeune patient le contenu d'une pustule de variole. Aucune réaction clinique ne survient. James ne peut plus avoir la variole ! Deux ans plus tard, vingt-trois individus sont vaccinés. La méthode se répand dans toute l'Europe à la vitesse d'une vague d'épidémie, mais une épidémie bénéfique… Cela surprend, étonne, intrigue, intéresse. En quelques dizaines d'années et malgré bien des hésitations venant des autorités, elle est diffusée partout sur le continent. La vaccination est née.

Après Harvey, voilà bien un deuxième Britannique qui mériterait le prix Nobel ! L'un a ouvert l'ère de l'expérimentation physiologique animale pour expliquer la circulation sanguine humaine, l'autre prévient et étouffe une maladie mortelle, fléau d'une époque, car la vaccination est plus efficace qu'un traitement curateur.

Au début du XIXe siècle, la vaccination était demandée par tous. La peur de la maladie était bonne conseillère malgré les oppositions de ceux qui ne savaient pas, ou ne voulaient pas être convaincus. De nos jours, certains refusent encore la vaccination.

Qu'y a-t-il dans l'esprit de ces obstinés pour que le bénéfice qui touche quatre-vingt-dix-neuf pour cent des individus puisse être mis en discussion pour un risque inférieur à un pour cent ?

Les Anglais connaissent des soucis de santé publique à cause d'un cas d'autisme dont l'origine est attribuée à la vaccination pour prévenir la rougeole. Il a été pourtant démontré que cette maladie n'a été en rien provoquée par la vaccination, mais le nombre d'Anglais qui ne font pas vacciner leurs enfants ne diminue pas et la rougeole – qui n'est pas une maladie bénigne – fleurit en Angleterre plus qu'ailleurs.

À l'époque de Jenner, la première question que se posèrent les médecins fut de savoir si la vaccine et la variole étaient une seule et même maladie de gravité différente, ou s'il s'agissait de deux maladies distinctes. On sait aujourd'hui qu'il s'agit de deux maladies provoquées par deux virus différents mais ayant des compositions proches, et donc des effets croisés sur les modes de défense de l'organisme humain.

Plus de cinquante ans après, Louis Pasteur poussa le raisonnement plus loin : il comprit qu'un bacille dont la virulence était atténuée protégeait de la maladie sans la provoquer, et réussit ainsi à fabriquer trois vaccins : celui contre le choléra du poulet, celui contre l'anthrax du mouton et celui contre la rage chez l'homme. Il réussit à atténuer la virulence du vibrion cholérique, du bacille de charbon et du virus de la rage en culture avant de les utiliser pour vacciner.

La vaccination, prévention par excellence

Depuis Jenner, de grands progrès ont été faits dans la biologie des vaccins, qui stimulent les défenses immunitaires. Aujourd'hui nous savons si la maladie à éviter nécessite une vaccination par un germe, un virus atténué entier ou seulement une partie de ses constituants. Pour le tétanos et la diphtérie, par exemple, la gravité de la maladie n'est pas due aux bacilles eux-mêmes, mais aux toxines qu'ils sécrètent. Il faut alors injecter une anatoxine-similitoxine qui possède une structure chimique proche de la toxine, mais dont la virulence est moindre et ainsi sans danger. La connaissance des gènes des micro-organismes permet de produire les différentes protéines codées par ces gènes et de tester séparément la capacité de chacune d'entre elles à déclencher une réaction immunitaire. On sait aujourd'hui aussi stimuler les défenses immunitaires en injectant un deuxième micro-organisme en même temps que le premier.

En dehors des patients immunodéprimés, chez qui des micro-organismes généralement inoffensifs peuvent provoquer une altération de la santé, la vaccination est un moyen très sûr d'éviter une maladie. Elle représente la prévention par excellence.

La vaccination contre la rougeole, maladie potentiellement mortelle, n'est plus, à mes yeux, suffisamment réalisée dans notre pays. Au regard des succès remportés, le médecin doit être en capacité de convaincre les parents que les enfants doivent être vaccinés. C'est une obligation médicale.

De même que la variole a disparu de la planète, le lobby antivaccination ne devrait plus se faire entendre. Vacciner est un impératif de santé publique, une préoccupation médicale de première importance, une nécessité ! C'est même l'un des plus grand succès de la médecine : le tétanos, la diphtérie et la poliomyélite ont pratiquement disparu en Europe. Il en est de même de l'hépatite B, qui reste néanmoins très virulente en Afrique, où l'on devrait mener de vastes campagnes de vaccination afin de diminuer les cas de cancer du foie, lourde complication de l'hépatite B.

Jenner a été un modèle de praticien. Son esprit d'observation devrait servir de guide à tout examen clinique. Sa sagacité dans les corrélations mérite d'être imitée. La vaccination est indéniablement une innovation-rupture. Par son observation, par ses expérimentations, par la logique de son raisonnement, Jenner a révolutionné le savoir et permis aux pratiques des médecins de se modifier. Par sa logique de raisonnement, il est à la fois un modèle de médecin, de chercheur et de savant. En essayant de suivre sa logique exemplaire, à l'occasion d'un colloque au Collège de France sur la recherche en neurosciences, je me suis permis d'imaginer une rencontre avec Jean-Martin Charcot, le grand neurologue du XIXe siècle…

« Hier matin, sur le boulevard Saint-Germain, à la hauteur de la Maison de l'Amérique latine, monsieur Charcot[1] sortait de chez lui. Il m'a posé deux questions :

– Guérissez-vous les maladies que j'ai décrites il y a cent cinquante ans ?

– Non, fut ma réponse.

– Qu'avez vous fait avec tous ces patients qui sont venus se confier à vous ?

– J'ai vécu.

» Surpris, décontenancé, je n'ai pas trouvé d'autre réponse que celle de l'abbé Sieyès, à qui l'on demandait ce qu'il avait fait pendant la Terreur. Sieyès – il en fut d'ailleurs étonné – a traversé sans être guillotiné la Terreur de notre Révolution. J'ai moi-même eu la chance, jusqu'ici, d'éviter ces maladies qui altèrent et accablent la vie de tant de patients et de leur famille.

– Guérissez-les.

1. À la fin du XIXe siècle, Charcot (1825-1893) habitait à Paris l'hôtel particulier qui est devenu la Maison de l'Amérique latine.

» Tournant les talons, monsieur Charcot rentra dans ses murs. Je n'eus pas le temps de lui dire que de nombreux chercheurs et médecins avaient consacré leur vie à améliorer notre savoir et nos pratiques vis-à-vis de ces fléaux que nous a si généreusement octroyés la nature. »

« Guérissez-les… » Tel est devenu le projet que nous devons mener à bien, le challenge que nous avons à relever. Il est plus réalisable en 2016 qu'en 1860. Nos possibilités sont incomparablement plus grandes, mais les citoyens doivent en faire une exigence, les décideurs une priorité et les acteurs doivent accepter le changement sans se bloquer sur un modèle dépassé.

Innover dans nos structures, innover dans nos traitements, faire du progrès médical un objectif premier en privilégiant la voie du changement de nos mentalités ainsi que la voie de la recherche et de la découverte d'innovations-ruptures comme l'ont été les vaccinations et la pénicilline.

L'amélioration de la race chevaline n'est en rien responsable de la découverte de la locomotive, de l'automobile et de l'avion. L'origine de l'électricité n'est pas liée à l'amélioration de la chandelle. Voilà les exemples qui définissent les innovations-ruptures qui empruntent des voies de recherche en laissant libre cours à l'imagination, aux corrélations et ne s'interdisent aucun champ du savoir, même ceux qui a priori paraissent très éloignés de la médecine.

Lire, relire, faire lire Fernand Braudel, particulièrement ses travaux sur « l'identité française », peut faire toucher du doigt l'immensité de la tâche à entreprendre. Cette lecture enseigne que le progrès est toujours une victoire sur la nature et que si celle-ci nous a plutôt gâtés, elle ne nous a pas comblés, nous réservant des malheurs allant des intempéries dramatiques aux maladies chroniques et accablantes. Il existe donc une nature que nous devons respecter voire protéger pour ne pas l'épuiser, mais aussi une nature que l'on doit combattre.

La lente marche du progrès et le frein du principe de précaution

Depuis toujours, le progrès s'installe chez nous lentement, progressivement, venant souvent de l'extérieur, combattu par nos habitudes et nos corporatismes. La pomme de terre a mis cent ans, pourtant en période de famine et de disette, à convaincre qu'elle n'était pas seulement une nourriture pour cochons et à obtenir les surfaces nécessaires à sa culture, jusque-là occupées par des végétaux secondaires. En 1850 encore, il a fallu des artifices enfantins pour que son intérêt soit reconnu par tous. Vers 1820, le cheval tirait sur des rails des wagons de voyageurs par crainte de la locomotive. Le règne du blé et du cheval a longtemps freiné ce qui, aujourd'hui, nous paraît de première nécessité. Le principe de précaution, inscrit dans la Constitution depuis peu, est l'aboutissement sécuritaire du long cheminement des inquiétudes ancestrales vis-à-vis du progrès trop rapide, comme si la préservation et le respect de la « bonne nature » devaient freiner notre combat contre la « mauvaise nature » et ses maladies. Faut-il rappeler l'histoire obscurantiste de la vaccination contre l'hépatite B, accusée sans fondement sérieux d'être à l'origine de cas de sclérose en plaques ?

Le principe de précaution est paralysant en recherche médicale. En ces temps que l'on dit modernes, protéger, se protéger, paraît avoir pris le pas sur la découverte. Toute innovation, serait-elle géniale, est au premier abord suspecte d'être dangereuse et dans un deuxième temps d'être trop coûteuse. Les arcanes administratifs sont le reflet de ces préoccupations sécuritaires et comptables. Qui peut soutenir que la médecine s'apprend dans le *Journal officiel* ?

Notre système de santé est envié par beaucoup de pays, et sur un ensemble de critères il était classé au premier rang mondial par l'Organisation mondiale de la santé en 2000. Les classements sont des vanités, mais soulignent toujours des efforts. Un système qui a fait de la solidarité, de l'égalité et de la justice sociale ses points d'ancrage est performant lorsqu'il arrive à minimiser les disparités. L'amélioration de la qualité des soins, plus récemment, est devenue un autre de ses objectifs. Mais notre système est moins innovant. Il redoute les innovations. Au nom de la sécurité et du coût, il les freine. Alors que les grands progrès en santé publique nécessitent une industrie puissante et novatrice, notre système de santé se persuade qu'il n'existe que de fausses innovations.

L'industrie de l'imagerie n'existe plus en France, nous rendant totalement dépendants de l'étranger. Le progrès, cause de dépenses supplémentaires, fait peur au système en place. Notre pays s'accroche au statu quo, s'obligeant à financer des organisations dépassées pour ne pas dire désuètes, des pratiques répétitives, favorisant la multiplication des actes. Auteur, il y a maintenant quinze ans, de l'expression « médecine sobre » définissant une pratique médicale centrée sur l'écoute du patient, sur l'examen clinique réfléchi recourant – pour le diagnostic et le traitemen – aux techniques utiles, efficaces, et au coût le plus juste, je prédis que sans changement d'organisation, sans mise en place de voies facilitant la recherche et l'industrialisation des innovations-ruptures, la médecine deviendra « robotisée », et pratiquée par des professionnels sans motivation car un des fondements de la médecine est de guérir demain ce qui ne peut pas l'être aujourd'hui.

Les sceptiques vont me dire :

– Vous parlez d'or, monsieur le professeur, mais comment et combien ?

Ma réponse est faite de deux propositions : des innovations courageuses pour les organisations et le cheminement facilité pour la découverte.

L'épidémiologie sait nous dire désormais quel est le nombre et quels sont les lieux de vie des patients affectés par chacune des maladies que nous devons cibler. Ouvrons des centres dédiés aux soins modernes de ces maladies en nombre suffisant et accessibles géographiquement. Donnons-leur plusieurs objectifs : créer les réseaux de soins mettant à contribution les professionnels privés et publics compétents, constituer les cohortes nécessaires aux essais cliniques en vraie grandeur, mettre en place la méthodologie adéquate à ces essais, obtenir de la puissance publique les financements utiles car il n'est pas sain de confier à l'industrie la totalité de ces financements.

L'innovation doit rapidement être utilisée et conduire à la disparition des pratiques dépassées.

Au début de mon internat, dans les années 1960, j'ai vu de jeunes patients subir des pneumothorax thérapeutiques pour des cavernes pulmonaires alors que la streptomycine, un antibiotique, était accessible depuis vingt ans ! Qui est capable de dire le coût humain, social et financier de la tuberculose dans notre pays avant et après l'usage de la thérapeutique efficace ? Peut-on passer sous silence les gains engendrés par la fabrication de la streptomycine accessible à tous ?

La nature résiste et les agents infectieux aussi, et ils s'adaptent à nos progrès, nous obligeant à ne jamais nous arrêter dans nos efforts pour mieux faire.

L'innovation qui prévient, qui guérit, qui éradique n'est pas une priorité chez nous. Elle doit le devenir. Il n'y a pas de projet politique, scientifique et industriel plus important. Une profonde réforme des règles administratives la régissant est à entreprendre. La recherche fondamentale, pratiquée dans des laboratoires aux équipements toujours modernisés, doit pouvoir profiter des compétences coordonnées des milieux académiques et industriels. Les découvertes à forte valeur ajoutée médicale doivent être rapidement connues, afin qu'on puisse accompagner leur cheminement dans la démonstration de leur bénéfice tout en maîtrisant les risques. L'utilisation dans la pratique n'a pas à être retardée. Le remboursement provisoire d'un médicament ou d'un dispositif de rupture est une étape transitoire que nous devons utiliser pour mieux démontrer le bénéfice et mieux maîtriser les risques. C'est une étape de suivi ayant recours à toutes les possibilités méthodologiques. Le remboursement définitif peut alors survenir, s'accompagnant de la disparition des pratiques dépassées et de leur remboursement.

Dans la quête du progrès, nous sommes les champions des Lumières mais nous sommes toujours en retard dans l'utilisation de ce progrès. Depuis le XVIIe siècle, nous avons été devancés par les Pays-Bas, puis par l'Angleterre, puis par les États-Unis, et après ? Le domaine de la santé pourrait être un point d'excellence de notre société et de notre économie. Mais alors nous devons privilégier le monde de la recherche et son application par une industrie de la santé de premier plan et une organisation de notre système de santé tournée vers l'innovation-rupture.

Hier au soir, j'ai fait lire ce projet à monsieur Charcot. Sans un sourire, il a dit :

– Courage et bonne chance.

– 6 –

DOMINIQUE LARREY, UN MÉDECIN EXEMPLAIRE

La Révolution commença par malmener gravement la médecine : elle ne savait pas encore que la science et la bonne médecine apporteraient la liberté et le progrès. Au nom de l'égalité, on déclara que tout le monde pouvait soigner. La loi Le Chapelier, loi de la Convention de juin 1791, supprima les corporations. Par son décret du 18 août 1792, elle entraîna la dissolution de l'Université et par là-même, des facultés de médecine. Tout individu, avec ou sans qualification, se trouvait désormais apte à prodiguer des soins aux malades : il n'était plus nécessaire d'avoir fait des études médicales et d'avoir un diplôme pour cela. La médecine était un libre exercice ouvert à tous, sous couvert de solidarité.

Le progrès promis par les révolutionnaires commençait mal ! Charlatans, ignorants et avides, abusant de la crédulité des gens, se multipliaient à leur aise. Leurs pratiques, en obstétrique particulièrement, allaient être meurtrières. Que l'on ne sache rien de la chose médicale, que l'on n'ait aucune culture de l'humanité et de la probité ne constituait pas le sujet essentiel. Étonnant pour ces initiateurs d'idées nouvelles !

Par ailleurs, l'administration des hôpitaux fut largement transformée. Pour rompre avec l'Église et ses religieux, la gestion était désormais confiée aux municipalités. Certes, les hôpitaux de l'Ancien Régime étaient loin d'être exempts de critiques justifiées, il suffit de penser à l'insalubrité qui y régnait et à leur caractère carcéral, mais l'impréparation de la décision de la Convention et l'absence de moyens financiers n'amélioraient en rien la situation des pensionnaires dans la nouvelle organisation. Il ne faudra pas bien longtemps pour que les faits contredisent douloureusement les intentions. Le nouveau personnel se révéla difficile à recruter, il était souvent incompétent et indiscipliné, parfois malveillant et chapardeur. Bonaparte perçut très vite les errements d'un tel « système de santé ». Il avait l'esprit scientifique, et dès sa campagne d'Égypte, il s'entoura de savants. Au cours du Consulat, il recréa les facultés de médecine de Montpellier, de Paris et de Strasbourg, dont le but était de rassembler le savoir pour qu'il soit ensuite diffusé.

Par la loi du 10 mars 1803, il fit obligation à tout médecin d'être titulaire d'un diplôme délivré par une des trois facultés officielles. Le diplôme servait de qualification et affirmait que les compétences étaient suffisantes pour la pratique. Deux niveaux se voyaient retenus : l'un était pour les officiers de santé, l'autre pour les docteurs en médecine. L'ordre napoléonien, dès l'Empire, facilita le retour des « bonnes sœurs », de leur savoir infirmier et surveillant, de leur dévouement dans les hôpitaux municipaux qui demeuraient toujours ceux des pauvres. Le souffle révolutionnaire de la science pouvait alors se faire sentir, et c'est sur les champs de bataille qu'il se manifesta d'abord.

Comment on devient chirurgien de guerre

Élève et étudiant surdoué, Dominique Larrey, né au bas du col du Tourmalet en 1766, est le fondateur de la chirurgie de guerre moderne, depuis l'assainissement des plaies jusqu'au ramassage des blessés ; bref, un véritable précurseur du Samu et du développement de l'hygiène dans les campagnes militaires.

Sa mère, conseillée par le curé du village, décide de lui faire quitter la maison familiale une année après le décès de son père, pour lui permettre de faire des études. Elle le confie à l'oncle Alexis, prosecteur d'anatomie à l'école de médecine de Toulouse. En 1780, à quatorze ans, Dominique fait le voyage à pied jusqu'à la ville. Il étonne immédiatement par ses capacités, sa puissance de travail et sa réussite aux concours. Passionné d'anatomie et d'art chirurgical, il devient à dix-neuf ans chirurgien des urgences. Il soutient peu après sa thèse sur la « carie des os ».

En août 1787, Larrey gagne Paris seul et à pied en quelques jours, couchant à la belle étoile ou sur la paille d'un grenier. L'oncle Alexis lui a donné des lettres de recommandation à l'attention de Louis, secrétaire perpétuel de l'Académie de chirurgie, et de Desault, créateur de la clinique chirurgicale de l'Hôtel-Dieu.

À peine arrivé, et avec l'assentiment de ses deux nouveaux mentors, Dominique Larrey se présente au concours d'auxiliaire de la marine où – faut-il s'en étonner ? – il est brillamment reçu. Il se rend alors à Brest, toujours à pied, pour prendre son poste sur *La Vigilante* qui voguera bientôt vers Terre-Neuve. De retour à Paris l'année suivante, à la veille de la Révolution, il se lie avec Corvisart et Bichat, médecins déjà renommés.

Les guerres ne tardent pas à éclater et en 1792, après Valmy, il rejoint l'armée de Kellermann en Alsace. Bonaparte approche… Chirurgien d'exception, Larrey sera sur le champ de bataille des cinquante-cinq campagnes de la Grande Armée, opérant les soldats des deux camps, et en quelques années, il en deviendra le médecin en chef. Larrey ne peut s'empêcher de se rendre utile sur le front, et continue à faire son travail de médecin de guerre.

Cet homme a deux qualités majeures : c'est un grand clinicien doublé d'un grand administrateur. Il est de la campagne d'Italie, de celle d'Égypte, il reste même trois ans à Jaffa avec les pestiférés. En 1804, il reçoit une des premières médailles d'officier de la Légion d'honneur des mains de l'Empereur lui-même, qui le tient en grande estime. C'est en tant que chirurgien qu'il vit les victoires d'Austerlitz, de Wagram, d'Eylau ou de Friedland. Il sera également de l'expédition en Espagne. Quelques mois plus tard, il sera présent à la difficile victoire de la Moskova qui ouvrira les portes de Moscou. Il fera ensuite la retraite de Russie avec les blessés et les traînards et, bien sûr, sera encore chirurgien au milieu des combattants à Waterloo.

Lors de cette dernière bataille survient un fait particulièrement marquant : l'Empereur, débordé par l'afflux de blessés, lui donne l'ordre de faire retraite. Larrey franchit alors avec succès les lignes ennemies mais au moment de traverser la Sambre, il est attrapé, capturé, fait prisonnier, non sans avoir été sabré au visage et au coude. Pris par erreur pour l'Empereur, il est mené sans délai devant le peloton d'exécution. Reconnu in extremis, il est conduit auprès de Blücher, le général prussien, une vrai et imposant soudard qui a pour habitude de ne faire aucun quartier, donc aucun prisonnier, laissant tuer et brûler par ses troupes tout blessé et tout soldat désarmé.

Le général vainqueur le reçoit pourtant avec honneur, l'invite à sa table et le remercie : Larrey a soigné et probablement amputé son fils blessé sur un champ de bataille. S'excusant du traitement qui lui a été réservé, Blücher le fait raccompagner à Louvain par son aide de camp, avec en plus quelques pièces d'or pour retourner en France…

Vingt ans durant, Larrey a été un médecin exemplaire par la permanence de sa présence compétente auprès des blessés de son camp mais aussi des adversaires et des soldats malades de la peste, du choléra et de multiples infections. Ce sont de vrais durs qui se déplacent à pied au rythme de soixante à soixante-dix kilomètres par jour dans des bottes indifférenciées – pas de pied droit, pas de pied gauche, un pied unique. Les plaies, les fractures constituent l'essentiel des activités de l'homme de l'art. Ses instruments, que Larrey fabrique lui-même, sont rudimentaires. La médecine est individuelle et artisanale.

Par son dévouement infatigable, ce chirurgien gagne la confiance de tous et la reconnaissance de l'Empereur à qui il ose parfois tenir tête.

En effet, en 1813 à Dresde, Larrey préside l'enquête sur les prétendues automutilations des jeunes accusés de désertion. Il prouve à l'Empereur, convaincu par de « bonnes âmes » de la désertion de ces recrues, que les blessures aux doigts sont dues à la maladresse de soldats insuffisamment formés au maniement du fusil à silex, et non pas à l'automutilation. Napoléon l'écoute attentivement. À peine a-t-il terminé ses conclusions que l'Empereur, prenant les mains de Larrey, lui dit :

– Adieu, monsieur Larrey, un souverain est bien heureux d'avoir à faire à un homme tel que vous. On vous portera mes ordres.

Oui, Larrey demeure un exemple de comportement de médecin présent, dévoué, courageux dans ses décisions et ses actes, et aussi particulièrement innovant dans l'organisation du ramassage et des soins des blessés sur le front pour qui il crée une fiche individuelle de suivi.

Après la désastreuse retraite de Russie, il sera en mesure d'écrire dans son rapport : « 22 000 blessés ont été traités dans les ambulances, 9 703 ont réintégré leur corps d'origine, 4 027 ont une invalidité compatible avec un service non armé, 5 854 ont une invalidité totale, entraînant la réforme et le retour organisé vers la France, 731 sont amputés et 2 416 sont décédés. »

Sur le champ de bataille, Larrey révolutionne l'activité de tout le personnel de santé, médecins, chirurgiens, infirmiers, brancardiers, ambulanciers. Avant lui, les morts et les blessés étaient ramassés le lendemain de la bataille. On imagine l'état dans lequel ils étaient retrouvés et leurs chances de survie ! L'hémorragie avait eu largement le temps de faire son œuvre, l'infection, quant à elle, allait suivre : tétanos, gangrène gazeuse, septicémie, ostéomyélite se profilaient.

Larrey installe des ambulances pour traiter et opérer les blessés en urgence, au milieu même du champ de bataille. Il organise le ramassage sous la mitraille. Il fait choisir, dans la ville la plus proche, les bâtiments vers lesquels seront transférés malades et blessés. Les murs de ces hôpitaux temporaires sont blanchis à la chaux, mesure d'hygiène à la pointe de l'innovation. À Jaffa, pressentant les causes possibles de la contagion, il fait brûler les habits et les paillasses des pestiférés.

Les apports de Larrey sont innombrables. À une époque où les germes ne sont pas encore connus, où les moyens thérapeutiques sont inexistants, il fait une magistrale description du tétanos et du trismus, de la dysphagie, de l'hydrophobie et des contractures. Il voit tous les jours les méfaits de l'infection et sa progression. Il en vient aussi à transformer le soin des plaies : il faut arrêter l'hémorragie, enlever les corps étrangers, panser « à plat » sans suture, supprimer et rafraîchir les bords contus et réaliser sans attendre l'amputation pour prendre de court l'infection qui va immanquablement survenir.

Au front, il devient adepte de l'amputation pour gagner du temps sur l'infection. Chirurgien confirmé, anatomiste savant, il apprend vite. Il opère en deux minutes, avec pour toute anesthésie un verre d'alcool et une pipe qu'il faut serrer entre les dents sans la laisser tomber. Dans le temps imparti, il incise, désarticule l'épaule ou la hanche, supprime la jambe au-dessous du genou ou le bras au-dessus du coude puis ligature. Le blessé ne doit pas *casser sa pipe* ! Il faut décider sans perdre une minute, faire vite, être habile. Dans le feu du combat, il sait faire le tri entre ceux qui peuvent attendre et ceux qu'il est urgent de traiter. Le grade et le camp ne font pas partie des critères. Il peut opérer de jour comme de nuit et parfois vingt-quatre heures d'affilée… Lors d'une journée de bataille, il peut amputer jusqu'à deux cents blessés. Des milliers d'amputés lui doivent la vie. Des généraux comme Lannes ou Cafarelli passent entre ses mains, et bien d'autres encore.

On ne sait ce qu'il y a de plus admirable : le courage des soldats, la confiance aveugle des blessés, la virtuosité de l'opérateur, ou l'efficacité du système capable de transporter sept mille Français et cinq mille Russes blessés sur deux cent cinquante kilomètres à partir d'Eylau, par temps de gel et de dégel, avec un taux de sauvetage de quatre-vingt-onze pour cent.

Citer les mots de Larrey lui-même, lors de la retraite de Russie près de la ville de Borissov, non loin de la Berezina, est encore le meilleur moyen d'avoir une idée de ce qui se passait : « À ce moment, on m'amena un canonnier qui avait eu le bras mutilé d'un éclat d'obus. Je lui pratiquai l'amputation du membre. Aussitôt son appareil de pansement appliqué, ce soldat se releva et refusa de se rendre à l'ambulance ; il s'orienta et reprit sa route dans la neige en disant :

– Je n'ai pas de temps à perdre, il me reste encore du chemin à faire d'ici à Carcassonne. »

Vingt ans plus tard, en tournée d'inspection dans cette ville du Languedoc, Larrey retrouva son canonnier : l'un et l'autre étaient bouleversés.

Clinicien innovant par ses observations sur les soldats malades ou blessés, Larrey ne comptait pas les heures, faisant preuve d'un courage et d'une humanité qui forcent l'admiration. Il croyait beaucoup à l'efficacité et à la nécessité de l'organisation. En opérant sur le champ de bataille, il démontra que le médecin devait aller au-devant de la souffrance et non attendre qu'elle se présente à lui.

Homme de rupture en santé publique par l'organisation du système de santé en temps de guerre, il avait l'art de pratiquer la médecine, alliant savoir clinique et technique, présence permanente, organisation réfléchie, pratique rigoureuse, efficacité au moindre coût, relation humaine instaurant confiance et respect. En somme, un exemple du XIXe siècle qui reste toujours aussi impressionnant aujourd'hui. Larrey était fils d'une révolution, un promoteur de changements.

Comme souvent en médecine, les progrès efficaces surviennent dans les périodes de guerre. La Révolution française, l'Empire napoléonien et les conflits qui suivirent transformèrent l'état d'esprit des médecins.

– 7 –

NIHILISME THÉRAPEUTIQUE ET PACTE DE CONFIANCE

L'Italien Jean-Baptiste Morgagni, né en 1682, avait révélé que l'on pouvait tirer de nombreux enseignements de l'observation clinique des malades si celle-ci était suivie par l'autopsie du corps de ceux qui décédaient. Il avait ainsi réalisé environ sept cents autopsies à Padoue en un temps où, en France, cette pratique était encore réprouvée sinon interdite.

De l'illégalité à la nécessité de l'autopsie

Morgagni corrélait l'examen clinique à ses observations macroscopiques de vérification anatomique que permettait l'autopsie ; il est devenu ainsi le fondateur de l'anatomopathologie. Il mourut en 1771, et son livre[1] écrit en latin fut traduit et édité en France quelques années avant la Révolution. Son œuvre influença les jeunes médecins français à l'esprit nou-

1. *Recherches anatomiques sur les causes et le siège des maladies.*

veau. Xavier Bichat, né l'année même de la disparition de ce précurseur, s'inspira de l'ouvrage pour orienter ses travaux. Il pratiquera plus de six cents autopsies, plus ou moins autorisées, avant de disparaître prématurément à trente ans, en 1802. Ami de Larrey, Bichat passionnait les médecins, bien sûr, mais aussi le public, sans doute un peu mondain et curieux, qui se pressait à ses leçons.

Lorsque les autopsies furent légalement possibles, l'ère anatomoclinique put s'installer pour plus de cent ans. Suivant la méthode de Morgagni reprise par Bichat, on pouvait décrire les maladies tout au long de leur évolution. L'âme et la vie envolées rendaient possible la connaissance de l'état dans lequel la maladie laissait le corps du mort. Les grands maîtres de la clinique deviendront aussi les grands maîtres de l'anatomopathologie.

L'approche diagnostique en plein essor

Les temps de paix prolongent, pour le bien de tous, les avancées du savoir et les ruptures d'état d'esprit que les temps de guerre et de révolution ont provoquées. Paris fut, jusqu'en 1940, la ville phare du savoir et de la pratique clinique, donnant à l'approche diagnostique son essor. L'approche thérapeutique, en revanche, sera tout à fait décalée dans le temps. Tout au long du XIXe siècle, la recherche de médicaments utiles et efficaces sera très peu productive, au point que des sommités médicales de l'ère anatomoclinique prônent un véritable nihilisme thérapeutique.

Les grands noms de la médecine du XIXe siècle sont souvent français, quelquefois allemands, plus rarement anglais. Ces grands maîtres, qui recevaient les populations démunies dans leurs services hospitaliers, ont observé l'évolution naturelle des maladies, jour après jour, en cliniciens rigoureux, jusqu'au décès. Ils ont écouté le patient parler des symptômes qu'il ressentait. Ils se mettaient alors à la recherche de signes anormaux, ils inspectaient le corps nu de la tête aux pieds, sans oublier les cavités accessibles, ils palpaient et percutaient thorax et abdomen, ils mobilisaient passivement membres, rachis et articulations, ils auscultaient cœur et poumons, mesuraient rythme, fréquence et souffle, analysaient température, sueur, selles et urines.

Ils ont construit une opulente séméiologie qu'ils utilisaient jour après jour pour faire des diagnostics de plus en plus précis tout en consignant leurs découvertes par écrit. Le malade, ce sujet de compassion, devenait aussi un objet d'observation utile à la progression du savoir. Nous en avons gardé les éléments cardinaux qui nous servent à mesurer la gravité de l'état d'un patient, à nous orienter vers la pathologie d'un organe et donc vers un *genre* de maladie.

Écouter attentivement les plaintes du malade permet, aujourd'hui encore, d'établir soixante pour cent du diagnostic, vingt pour cent supplémentaires étant apportés par l'examen du corps dénudé.

Maladie par maladie, organe par organe, les médecins allaient décrire en moins de cent ans l'histoire naturelle de chaque affection : l'apparition, la période d'état, l'évolution, les complications, les formes cliniques, les différences avec d'autres atteintes.

L'autopsie révélait les lésions, macroscopiquement d'abord, plus minutieusement ensuite grâce au microscope qui permettait d'observer les lames de tissus préparés. Toutes les lésions seront décrites. Les unes ne touchaient qu'un organe, d'autres deux ou plus, ou un système, certaines étaient diffuses. En ce siècle où la thérapeutique n'existait pas, seules se posaient des questions de diagnostic, de pronostic et de classification. Carl von Linné a mis à l'honneur la classification du vivant. Avec deux mots latins, l'un pour le genre, l'autre pour l'espèce, il classifia plus de dix mille espèces. Cette classification est encore utilisée, prouvant la pérennité et l'efficacité de son travail. Les médecins firent aussi leur propre classification, en fonction des organes atteints : cela présentait l'intérêt de connaître leurs affections, de les reconnaître puis un jour de les compter. Les disciplines médicales découlent de cette classification : cardiologie, gastro-entérologie, dermatologie, néphrologie, neurologie…

Aujourd'hui l'intérêt d'une classification axée uniquement sur les causes et les traitements pourrait être défendu. La précision du diagnostic et l'efficacité des médicaments actifs sur plusieurs organes le permettraient. Mais le nombre de maladies sans cause encore connue et surtout sans traitement spécifique exige sans doute que la classification par organe ne soit pas totalement oubliée.

Les innovations apportées à l'examen clinique furent nombreuses et l'on doit par piété filiale ne jamais oublier leurs figures de proue.

Bichat, disciple de Morgagni et de Desault, fondera l'histologie qui permet de reconnaître et d'analyser les tissus qui constituent les organes.

Les anatomopathologistes, qui eurent pour grand novateur l'allemand Rudolf Virchow, décriront les lésions des tissus et des cellules.

René Laennec, en découvrant l'auscultation médiate du poumon avec le stéthoscope, fit de la pneumologie la première spécialité en raison de la fréquence élevée de la tuberculose, fléau social majeur à son époque, avec la syphilis.

Pierre-Charles Louis, précurseur de la statistique à partir du calcul des probabilités, fit faire un pas décisif dans la discussion diagnostique en énonçant un principe simple : un syndrome fait de la conjonction de signes doit faire penser, en premier, à la cause la plus fréquente ; les autres causes seront évoquées ensuite dans l'ordre statistique.

Comme on le verra, Jean-Martin Charcot, soutenu par son ami Alfred Vulpian, a décrit la plupart des affections du système nerveux comme la sclérose en plaques et la sclérose latérale amyotrophique. Il s'est heurté à l'hystérie qui ne montre pas de lésion anatomique et qui est aux bornes de la psychiatrie. Sigmund Freud fut son élève et fonda la psychanalyse.

Durant tout le XIXe siècle, les médecins, particulièrement français, ont constitué un riche savoir pratique clinique qui se conjuguait bien avec le colloque singulier et son phénomène d'autorité-confiance. Gagner la confiance tient de l'humanité et du temps passé à examiner, à écouter, à chercher avec les yeux, les oreilles et les mains les signes qui servent par raisonnement à construire le diagnostic. Comprendre les manifestations organiques ou psychologiques et leurs relations avec la personnalité du patient vient ensuite. Expliquer et révéler la vérité que demande et peut entendre le patient conduit à l'étape du diagnostic. Rien de mieux n'a été proposé dans la confrontation du malade avec le corps médical.

Une ordonnance pour Chateaubriand

La clinique fit progresser l'approche diagnostique alors que le nihilisme perdurait en thérapeutique. Le progrès du savoir ne se fait pas dans tous les champs à la même vitesse. L'approche anatomoclinique du diagnostic a précédé d'un siècle au moins la révolution thérapeutique médicamenteuse dont les populations profiteront après la Seconde Guerre mondiale.

Les esprits éclairés ont longtemps pensé que les médecins administraient des médicaments et des traitements plus dangereux qu'utiles. En mai 1775, Diderot envoyait à Catherine II de Russie son *Plan d'une université pour le gouvernement de Russie.* Il y exprimait la conviction que le savoir clinique acquis tout au long du XVIIIe siècle n'avait pas changé : « Un demi-médecin est pire qu'un demi-savant. Celui-ci importune quelquefois, l'autre tue. Cette profession doit-elle ou ne doit-elle pas être nombreuse ? C'est une question décidée par le docteur Gatti qui partagea l'hôpital qu'il dirigeait en deux classes, l'une de malades qu'il abandonnait à la nature, l'autre autour de laquelle il rassembla tous les secours de l'art ; il périt, ainsi qu'il s'y était attendu, beaucoup plus des soignés que des abandonnés. » Cette conception était alors partagée par nombre de médecins, parmi les plus savants. Avant de connaître l'efficacité des thérapeutiques médicamenteuses actuelles, ils étaient observateurs des malades et des maladies, œuvrant comme des entomologistes.

Pour le reste, pourtant, la période est riche en remèdes surprenants ! Dans son livre *Pour Sainte-Beuve*, José Cabanis cite l'auscultation de Chateaubriand par Joseph Récamier, médecin en chef à l'hôtel-Dieu de Paris. Nous sommes au cœur de la période anatomo-clinique, l'ordonnance prescrite à Chateaubriand suit l'observation et ne manque pas de saveur…

« 1. Pédiluves synapisés chauds d'un quart d'heure le matin au nitro-muriatique.

2. Germandrée le matin et avant le dîner ou polygala fenugrec. Avec sulfure de potasse quatre à six gouttes.

3. Laine sur la peau.

4. Bains sulfureux.

5. Régime animal, vin de Madère de préférence.

6. Frictions sèches sur la peau.

7. Exercice au grand air, tous les jours indispensable !

8. Sobriété dans le travail intellectuel.

9. Eau de menthe poivrée après le repas.

Si la toux persiste, poudre de tronchin avec pastilles d'yeux d'écrevisse trois drachmes, ipécacuanha trois drachmes, un à deux pour une dose réitérée trois fois. »

Pauvre Chateaubriand, on se croirait chez un homéopathe ! Heureusement le *Littré* est là pour comprendre l'ordonnance… « Le pédiluve synapisé » est un bain de pieds à la moutarde. Le « muriate » est du sel, le « polygala fenugrec », littéralement du lait de vache qui aurait mangé un foin grec ! « Ipécacuanha pulvis » est une poudre de racines brésiliennes proches de l'ipéca ayant des vertus vomitives utilisée aussi contre la diarrhée ! La germandrée passait pour tonique et apéritive, la « drachme », c'est une pincée, quant au « tronchin », il n'a laissé aucune trace dans les dictionnaires.

Avec une telle ordonnance, le grand Chateaubriand ne courait pas le risque de voir son état s'améliorer, ni sans doute s'aggraver. Dans une autre ordonnance lui fut prescrit, comme à Louis XIV, du lait d'ânesse, mais dans l'indication de toux rebelle et non pas de gangrène. Les progrès thérapeutiques n'étaient pas encore survenus et la médecine ne changeait rien, elle donnait de l'occupation. Personne ne se plaignait. Heureux temps.

L'abstention thérapeutique

À cette époque où le savoir thérapeutique médical était inexistant et son efficacité restreinte aux affections et aux troubles qui guérissent tout seuls, ne rien prescrire était l'injonction des médecins nihilistes particulièrement présents dans l'école de Vienne, où se trouvait pourtant l'une des facultés de médecine les plus renommées : Sigmund Freud étudiant fut formé à pratiquer l'abstention thérapeutique devant les maladies qui étaient sans solution.

Il fut admis que des produits sans risque, des pratiques sans danger qui plaisaient et donnaient confiance seraient utilisés. Les mauvais esprits se sont engouffrés dans ce champ ouvert au boniment des uns et à la crédulité des autres. Le charlatanisme, dont le caractère péjoratif n'échappe à personne, se définit par une activité hors la loi, hors la science, hors la morale. Il a été de tout temps et il est toujours d'actualité. Il est le fait de mystificateurs habiles, malins, persuasifs qui savent ou ne savent pas qu'ils sont des escrocs et qui gagnent la confiance de naïfs, d'ignorants ou de suggestibles, par le discours. Le mythe, la croyance, le surnaturel, la pseudoscience sont le substrat de la présentation. Ne vaut-il pas mieux être nihiliste ?

Les dangers des remèdes miracles

L'histoire de la médecine est remplie de personnages de grand talent qui ont subjugué leurs contemporains par des trouvailles qui n'étaient pas des découvertes.

L'astrologie fut très importante pour orienter, suivant les signes astraux, le comportement journalier, dans tous les domaines et particulièrement celui de la santé. Elle a encore quelques défenseurs. Tout ce qui est sans danger est acceptable, tout ce qui ne l'est pas est déraisonnable. La liberté de penser, de choisir, de faire des bêtises, est de notre responsabilité ! Faut-il légiférer ? Il vaut mieux écouter George Sand : « Savoir est un malheur, ne pas savoir un malheur encore plus grand. »

Il existe des livres amusants et distrayants qui dépeignent toutes les supercheries que les hommes ont acceptées au cours des siècles et qu'ils continuent d'apprécier. Ils rendent hommage à la crédulité et parfois, hélas, à la stupidité. Ils sont étonnants quand ils font état des travaux de véritables scientifiques ! Brown-Séquard et Bogomoletz sont deux grands scientifiques qui, l'âge avançant, se sont aventurés dans un domaine qui les a l'un et l'autre déconsidérés : les sérums de jouvence.

En 1878, Charles-Édouard Brown-Séquard succéda à Claude Bernard à la chaire de médecine du Collège de France, qu'il occupa jusqu'à sa mort. Son œuvre scientifique est de haut niveau. En neurologie, il a défini un syndrome clinique médullaire qui porte toujours son nom. Il a décrit les effets de la testostérone. Cela ne l'empêcha pas, dix ans après son entrée au Collège de France, de présenter les résultats d'une expérience qu'il avait faite sur lui-même. Il s'était injecté sous la peau un extrait aqueux de testicule de chien et de cobaye… Quelques jours plus tard il avait remarqué une augmentation de sa vigueur intellectuelle et « d'autres forces qui n'étaient pas perdues, mais qui se sont notablement améliorées ». Les sourires et les remarques humoristiques ont été les seuls résultats tangibles de l'expérience.

Plus tard, ce fut au tour d'Alexandre Alexandrovitch Bogomoletz de s'illustrer dans le domaine. Il était président de l'Académie des sciences d'Ukraine, sa notoriété scientifique était considérable et lui valut d'être décoré de l'ordre de Lénine et d'être nommé « héros du travail soviétique ». Il inventa le sérum qui porte son nom : il injecta à un cheval ou à un âne des cellules de rate et de moelle osseuse, recueillit le sérum et conseilla de l'injecter à l'homme par voie intraveineuse ou sous-cutanée. Cette pratique était censée retarder le vieillissement du tissu conjonctif, faciliter la cicatrisation, stimuler les défenses contre l'infection et permettre aux hommes de vivre jusqu'à cent cinquante ans. En 1943, trois millions de doses étaient produites pour les soldats soviétiques. Bogomoletz mourut à soixante-cinq ans… ce qui le fit maudire par Staline !

Les choses se compliquent quand ces inventions sans preuves sont utilisées pour traiter les affections pour lesquelles il existe des traitements efficaces. Ces faux traitements retardent ou empêchent la guérison. Malheureusement, ils plaisent et, comme l'a écrit Freud : « Chacun trouve la félicité à sa façon. »

Le médecin a pour vocation de conseiller, de prévenir, de soigner, de guérir, il n'a pas à faire la morale. Le bonheur n'est pas enclenché par un certificat médical. Est-il lié à la bonne santé ? Santé et bonheur peuvent aller ensemble, mais qui se permettrait de dire qu'ils sont indissolublement dépendants ? Laissons cette question aux philosophes et restons nihilistes pour les nouveautés sans démonstration de nature scientifique. Soyons pragmatiques. L'innovation-rupture médicamenteuse est, elle, impérieuse. Elle ne peut supporter le moindre retard de sa prescription dans les indications démontrées.

Aujourd'hui que les guerres et les épidémies ont, en partie ou temporairement, quitté le monde occidental, la mort est principalement individuelle. Il fut un temps où elle était collective. La contagion menait à l'exclusion, à la vindicte criminelle, au brigandage. Les gardes aux grilles du palais n'en protégeaient pas le prince. Montaigne, le brillant maire de Bordeaux, qui nous a enseigné à regarder la mort en face pour l'apprivoiser, gagna son château du Périgord, abandonnant ses administrés, quand la peste s'annonça aux portes de la ville. Il n'était pas prêt, « la mort apprivoisée » serait pour plus tard ! Il faut dire que le meilleur moyen d'éviter la peste était de la fuir et de s'éloigner des pestiférés. Les médecins de santé publique de l'époque en avaient fait une de leurs recommandations !

L'accompagnant acquiert l'expérience de la mort des autres. C'est là un rôle historique de compassion, un rôle premier de clinicien. Présent jusqu'au souffle ultime de celui qu'on affectionne, on apprend que chaque mourant meurt à sa façon. L'angoisse est poignante pour ceux qui restent conscients jusqu'aux derniers moments. D'autres, stoïques, n'ont besoin de personne et demeurent muets. Certains sont sereins, comme le recommande Montaigne, et prêts depuis longtemps. Enfin il y a ceux qui ne veulent rien savoir, et cherchent à être trompés pour garder toujours espoir. C'est en ces moments que le rapport humain et la compassion sont si importants alors que le savoir biologique, lui, est de peu de secours. Écouter, percevoir ce que le mourant veut entendre, apaiser la révolte, soulager la douleur, être présent sans se dérober, essayant d'apporter une tranquille assurance alors que le cœur bat la chamade, se taire ou parler peu pour donner de l'espoir. Chaque personne évolue au cours de sa vie, elle reste en revanche immuable à ces derniers moments. Qui peut penser autrement ? Pas les médecins en tout cas.

Plaidoyer pour un pacte de confiance

La société moderne a pris l'habitude de faire des lois. C'est sa manière d'exprimer sa vision et de gérer la société. Même pour les situations les plus intimes, elle s'oblige à légiférer. Au nom de la vérité, il ne faut rien cacher et diriger la mort ! Voilà le nouveau dogme. La loi a supprimé la peine de mort et cherche sa voie pour l'euthanasie, affirmant que la vérité est son guide. La vérité ? Laquelle ? Celle d'une image ? Celle d'un chiffre ? D'une interprétation ? Non ! La vérité à dire est celle que le mourant peut ou veut entendre. Pourtant, lorsque la situation est grave, il la connaît et n'a besoin de personne pour la lui révéler. *Primum non nocere* reste un principe médical. C'est le principe de précaution à respecter. Avions-nous besoin de l'inscrire dans la Constitution ?

Il est des cas où le patient doit être poussé à la révolte pour l'inciter à courageusement combattre la maladie, mais alors il faut avoir un traitement qui peut le mener à la guérison ou à une amélioration qui rend la vie possible. Il est des cas aussi où le coma se prolonge, où la situation sans issue est probable. Faut-il qu'un juge intervienne ? La confiance est une règle médicale. A-t-elle besoin de paraître au *Journal officiel* ?

Est-il digne d'annoncer le verdict à la sauvette entre deux portes ou au téléphone ou par un courrier remis par la secrétaire ? Non, bien sûr ! Mais alors que veut dire ce papier négligemment posé sur le lit à signer avant toute intervention ? En la circonstance, la médecine se fait, doit se faire au cours d'un colloque singulier où les consciences s'expriment.

Les temps changent et l'on peut comprendre que la traçabilité soit une nécessité du temps. Mais alors, que la confiance ne soit pas rompue, que des explications soient données et que l'on s'assure qu'elles soient comprises et acceptées ! Les risques de l'anesthésie existent mais n'est-ce pas à l'anesthésiste de les maîtriser ? *Primum non nocere*, encore une fois !

Dans les temps les plus reculés, la vie sur terre s'inscrivait dans une conception rigoureusement figée. Tout paraissait inscrit dans un ordre immuable, un programme réglé par la nature et ses saisons et leur recommencement à l'identique toujours renouvelé. La médecine, les médecines sont nées de l'espoir de changer le programme. La médecine, celle des médecins, reste un art d'espoir de plus en plus scientifique faisant reculer la mort et optimisant la qualité de la vie. Partie de rien, elle a fait des progrès. En chemin elle a commis bien des erreurs, qui ont permis de façonner les esprits. Ces erreurs se sont transmises parfois, aussi sûrement que les traits génétiques. Il faut les connaître dans l'idée, sans doute un peu vaine, de les éradiquer.

Depuis toujours, inquiétude, souffrance, altération, infériorité,
dépendance sont la condition des malades. Se confier
à l'autre doté d'un savoir, réel ou présumé,
devient la nécessité, l'obligation.

Un pacte de confiance est à signer avec celui qui soigne, celui qui sait interpréter les signes, qui est investi du pouvoir de guérir. Ce pacte est la raison d'être du médecin et de la médecine, toujours en devoir de progrès. Il est aussi la raison d'être du malade, le motif pour reprendre espoir, pour trouver le courage et l'énergie permettant d'assumer souffrances et angoisses et de vivre parfois jusqu'à la guérison.

À qui se confier ? À ceux qui savent, aux doctes, au docteur… Le mot « docteur » ne s'applique à la médecine que depuis le XIXe siècle, depuis que la science médicale a vraiment pris son essor. Il signifie « celui qui sait ». Sait-il vraiment ? Oui, de plus en plus, mais il y a des différences entre les docteurs. Guérir est un pouvoir. Il est entre les mains de ceux qui savent, de ceux qui peuvent. Le savoir fut longtemps absent ; depuis peu, il est efficace. La confiance, elle, a toujours existé : longtemps elle ne pouvait qu'être aveugle. Elle ne l'est plus, elle est devenue plus fragile et mérite une attention permanente. Elle est une nécessité, un pacte, le pacte symbolique que Claude Lévi-Strauss a étudié chez le chaman. Le savoir dit médical, à l'origine, était celui d'une science occulte, sorte de spiritisme. Il est devenu celui d'une science biologique et humaine à la fois. Le soignant possède un pouvoir, tout le monde veut y croire. Quand la maladie est grave, il n'y a pas de guérison sans ce pacte qui aujourd'hui ne peut être lié qu'à un sachant scientifique.

Le médecin lui non plus n'est plus rien, sans ce pacte. Il ne doit pas l'oublier, être vigilant à ne pas l'écorner. Le médicament et aujourd'hui la haute technologie sont aussi investis d'une très grande confiance. Faut-il pour autant que le docte devienne transparent et oublie la clinique qui est son arme première ? La médecine est investie par les croyances et les valeurs du milieu dans lequel elle organise sa pratique. La société a les médecins qu'elle mérite. Elle peut vouloir les respecter ou elle peut vouloir s'en méfier. L'angoisse de vie, la mort inéluctable et la pensée un jour scientifique, un jour magique, sont les facteurs les plus influents. Suivant les époques et la vision privilégiée, les médecins ont eu des influences différentes : médiums, charlatans, savants ou parfois les trois à la fois !

– 8 –

JOHN SNOW, « GUÉRIR » PAR LA PRÉVENTION

Londres 1854, le choléra frappe une nouvelle fois. La maladie provient d'Asie, sans doute du delta du Gange, et se déplace avec les voyageurs, les guerres et les échanges internationaux. C'est une opinion que bien des scientifiques et des académies discutent et proposent, mais que les nécessités du commerce, qui ont force de loi, font négliger.

Dans les faits, les médecins n'ont rien d'utile à apporter au soin des malades qui sont atteints de ce fléau, même si, bien sûr, quelques charlatans se font fort d'avoir des médicaments miracles. Réchauffer le malade est la seule mesure proposée ! L'entourer de couvertures de laine doit sans doute le préparer au linceul…

Déjà en 1832 et 1848, les Londoniens ont connu deux épidémies de choléra terrifiantes. En quelques jours des milliers de personnes sont mortes. Les premiers signes sont de brusques vomissements sans fièvre, suivis par des diarrhées. En une journée, vingt litres d'un liquide couleur eau de riz peuvent être émis. Cette immense et rapide perte d'eau que l'on pourrait considérer comme une véritable vidange est à l'origine d'une déshydratation extrême et de ses conséquences. L'eau qui constitue quatre-vingts pour cent de la masse corporelle est éliminée dans les selles en quelques heures, entraînant une fatigue extrême et un collapsus cardio-vasculaire majeur. La pompe cardiaque n'a plus suffisamment de masse sanguine à faire circuler, à faire filtrer par le rein qui se met en anurie[1], et à faire oxygéner par le poumon. Le décès peut survenir en huit heures seulement, plus habituellement en trois à cinq jours. Les crampes et les contractures musculaires intenses des dernières heures sont impressionnantes, la couleur bleue des ongles, des lèvres, de la peau du visage du mourant, due à la cyanose, est saisissante. La « peur bleue » en est la traduction familière et populaire : voir survenir la mort si vite est effrayant, et d'horreur, le malade change de couleur ! Le choléra est redoutable et sème la panique…

Ne pas savoir pourquoi ce mal s'abat sur la population, d'où il vient, comment il se propage et comment s'y opposer donne lieu à toutes les suppositions, toutes les divagations. Certains hommes de science pensent qu'il est provoqué par des vapeurs nocives émanant de végétaux ou d'animaux en décomposition. D'autres soutiennent que c'est une maladie infectieuse transmise par contact de personne à personne. Rien ne l'arrête. Son arrivée, toujours angoissante, fait resurgir les comportements les plus archaïques. Les gendarmes poursuivent ceux qui propagent la rumeur de

1. Absence ou diminution d'urine dans la vessie consécutive à l'arrêt de la fonction du rein qui est de produire l'urine.

la maladie redoutée. Le clergé organise des processions. La Sainte Vierge et tous les saints du paradis sont invoqués dans l'espoir incertain qu'ils intercèdent auprès du Très-Haut afin qu'il mette fin au terrible châtiment.

Les autorités gouvernementales et leurs représentants, totalement dépassés, font parfois preuve de courage, mais le plus souvent ils fuient et cherchent à se mettre à l'abri. Seuls demeurent médecins, pharmaciens et âmes charitables pour porter secours aux malheureux très affaiblis et prêts à défaillir. Bien évidemment, des malandrins visitent les maisons, emportant tout ce qui leur paraît avoir de la valeur ou être utile à leur commerce. Cette terrible maladie contagieuse semant la mort et son cortège de paniques et d'exactions reste au milieu du XIXe siècle au-delà de toute compréhension scientifique.

Les dangers de la pompe de Broad Street

L'épidémie de 1848 a fait sept mille morts. John Snow, médecin anesthésiste, l'a connue et étudiée. Par les autopsies déjà pratiquées, il sait que le choléra affecte les intestins et laisse les poumons intacts. Il en conclut que la porte d'entrée de la maladie n'est pas respiratoire : il écrira une publication soutenant que son origine n'est pas un poison de l'air et que l'infection se propage par voie digestive. Il incrimine l'eau potable tirée des rivières ou sortant des puits.

La nouvelle épidémie de 1854 est apparue dans le quartier de Soho, John Snow habite à proximité. Il suspecte immédiatement la pompe de Broad Street qui dessert la plus grande partie du secteur. Il examine les victimes, remarque qu'elles habitent toutes à moins de quatre cent cinquante mètres de la pompe. Il demande d'en interdire l'accès et de la remplacer. L'épidémie est stoppée. L'eau est bien un vecteur de la maladie qui s'attaque exclusivement à l'homme. Poursuivant son enquête, John Snow peut affirmer que toutes les victimes ont bu de l'eau à la pompe incriminée, même celles qui n'habitent pas le quartier. Les détenus de la prison voisine, qui ont un système de canalisation propre, n'ont pas été atteints. Il y a dans l'eau de la pompe de Broad Street la cause du choléra.

L'originalité du travail de Snow tient à ce qu'il a été capable d'endiguer une épidémie sans connaître le micro-organisme causal. Une pensée à la fois rigoureuse et logique, et un travail original d'un nouveau type, proche d'une enquête de détective auprès de la population, à la Sherlock Holmes, conduisent à une nouvelle victoire médicale. L'épidémiologie allait naître. Une innovation-rupture s'instaurait dans le monde des médecins et de la santé. La santé publique découvrait les méthodes et les objectifs d'une science jusque-là inconnue.

Il faudra attendre 1884 et une épidémie en Égypte pour que Robert Koch, médecin généraliste allemand et l'un des premiers bactériologistes, mette en évidence le micro-organisme responsable du choléra. Ce germe, appelé vibrion cholérique en raison de sa forme en virgule et de sa grande mobilité, se trouve dans l'eau et sur les légumes souillés par les déjections humaines. Il se transmet d'homme à homme sans intermédiaire animal, se développe bien en milieu alcalin et supporte mal l'acidité. Il est normalement détruit par l'acide chlorhydrique d'un estomac humain mais se multiplie rapidement dans le milieu alcalin de l'intestin. Le barrage gastrique est dépassé par un arrivage massif de vibrions dans la boisson ou l'alimentation polluée. L'équipe de Pasteur, présente aussi en Égypte, est devancée par l'équipe allemande.

Les mesures techniques d'hygiène séparant les eaux usées de l'eau potable vont assurer la prévention et la protection des populations.

Les épidémies de choléra vont disparaître d'Europe occidentale, la réhydratation y traite aujourd'hui quelques cas sporadiques de voyageurs rentrant de pays où le choléra demeure encore. La réhydratation intraveineuse massive rééquilibrant la masse hydrique est le traitement principal du choléra dans les pays où il sévit d'une manière endémique. Des sulfamides[1] et parfois des antibiotiques sont également prescrits pour arrêter la dissémination des germes. Le traitement des eaux usées et de l'eau potable fait peu à peu disparaître la maladie, qui tue pourtant encore dans le monde deux à trois cent mille personnes chaque année.

1. Molécules chimiques, fabriquées par l'industrie pharmaceutique.

Le médecin, avocat du pauvre

Dès le début du XVIIIe siècle, les autorités savent que les populations pauvres, sans éducation et sous-alimentées sont de santé fragile : les maladies et donc la mortalité sont plus fréquentes en ville qu'à la campagne. Ici ou là sont prises des décisions de protection. En 1750, les mesures de propreté mises en place dans une maternité anglaise font chuter le taux de fièvres puerpérales et la mortalité infantile. En quarante ans, cette dernière est passée de soixante-six à treize pour cent, tandis que la mortalité maternelle est passée de vingt-quatre à trois ou quatre pour cent. La bataille de la propreté, de l'hygiène, sera un combat de deux siècles en France. Il faudra combattre autant les préjugés que les habitudes.

La méconnaissance des causes des maladies est une entrave considérable à la guérison mais aussi au développement de la prévention, et au maintien de la santé. Diminuer ou supprimer les facteurs favorisant l'apparition d'une affection a cependant une réelle efficacité. Les mesures sociales furent en avance sur les mesures découlant de la science médicale et de ses découvertes. Comme on l'a vu, dès le Moyen Âge, dans le cadre d'œuvres de charité, les pauvres étaient accueillis dans les hospices, pour dormir, manger, être protégés et autant que possible soignés, mais aussi pour être séparés de la population en bonne santé.

À la Renaissance, pour se protéger de la peste, certaines villes ne laissaient entrer que des voyageurs ayant un certificat attestant leur non-contamination, et certains ports mettaient en quarantaine les bateaux venant de régions suspectes.

En 1830, *Le Médecin de campagne* d'Honoré de Balzac faisait du médecin un entrepreneur qui installait la prospérité dans un village d'incultes plus ou moins miséreux en révélant par son savoir, son humanité, son influence, son intelligence, la voie de l'entreprise pour créer et innover.

À partir de la IIIe République, les médecins sont nombreux à avoir des mandats électifs. Ils correspondent à l'image que Virchow, le savant observateur de la cellule, donne d'eux, en se faisant un apôtre de la santé publique. Il écrit : « Le médecin est l'avocat du pauvre. » Apparaîtront alors des lois de protection et de prise en charge des patients. En 1850, il n'existait pas de ministère de la Santé en France. Lors de l'épidémie de choléra dans l'Aveyron, les injonctions gouvernementales venaient du ministère de l'Agriculture et du Commerce !

Le chancelier allemand Otto von Bismarck fut le premier à comprendre qu'une économie industrielle saine allait de pair avec la santé du monde du travail. La protection et l'assistance des travailleurs furent les grands thèmes des lois bismarckiennes. Dans les pays les plus avancés, des expériences d'assurance furent réalisées, en France par exemple, après la Première Guerre mondiale notamment.

En 1941, l'économiste anglais William Beveridge alla plus loin : il proposa cette assistance à tous les individus de l'État-Nation. Combattre l'ignorance et l'insalubrité faisait aussi partie du projet. Pendant des années, on étudia avec précision le thème de l'assurance qui permettait d'allier la responsabilité individuelle et la mutualisation des risques pour trouver le projet à retenir. Plusieurs types d'État social devaient alors apparaître. Les choix variaient selon les pays. Il fallait trouver le moment politique adéquat pour mettre en place cet État social. Avons-nous choisi chez nous le meilleur modèle et la meilleure gestion ?

C'est en 1945 qu'a lieu en France l'installation de la protection sociale choisie, la Sécurité sociale avec ses différentes ramifications : Assurance maladie, Assurance des accidents du travail et des maladies professionnelles, Assurance vieillesse, Allocations familiales.

Le moment est sûrement bien choisi par le pouvoir politique du général de Gaulle. Les obstacles et les doutes pèsent peu, en ce temps de dénuement extrême, à l'issue d'une guerre qui a douloureusement marqué l'esprit et le moral de tous. L'inhumanité nazie oblige désormais à garantir la dignité humaine. Les efforts nationaux de reconstruction doivent se fonder sur les liens de communauté. L'occasion d'essayer de conjurer les misères millénaires liées à la maladie de la condition humaine est unique. Le projet ne peut faire que l'unanimité. C'est, sans nul doute, celui auquel les Français ont le plus adhéré, et auquel ils restent le plus attachés. En 1945, la compensation des pertes de revenu dues à la maladie est l'essentiel du financement « sécuritaire ». Ce n'est qu'en 1958 que le remboursement des soins devient majoritaire. Aujourd'hui, ce même remboursement représente quatre-vingt-quinze pour cent des dépenses. Le coût des soins est pris en charge par la communauté sous l'égide de l'État. La médecine gratuite est un slogan qui est facile à comprendre, une magnifique avancée, à condition d'avoir vraiment intégré que la santé est un bien supérieur et que l'argent de la communauté réservé à l'Assurance maladie est public, celui de chacun d'entre nous, celui de tous. Le concept n'a pas vieilli. Il n'a sûrement pas à être modifié aujourd'hui.

La prévention par l'hygiène

La révolution pastorienne de la microbiologie favorisa l'amélioration de l'hygiène, elle sut convaincre sans appel les médecins de soutenir les ingénieurs réclamant le tout-à-l'égout pour Paris. Se laver, se baigner, se doucher, veiller à la propreté et à une bonne alimentation, se protéger du soleil, deviennent des impératifs préconisés par les médecins à la population. Une éducation sanitaire individuelle commence à s'installer, transformant le savoir et les comportements.

L'impact du travail de John Snow va dans ce sens. Son approche médicale conduit à une action préventive efficace dont l'intérêt est immédiatement perçu, comme l'a été la vaccination de Jenner en son temps. Sa découverte innovante met en exergue le pragmatisme anglais, cette fois-ci au profit de l'hygiène. Par son investigation au sein même de la population, il ouvre une nouvelle ère. Une nouvelle discipline va donc naître : l'épidémiologie, étymologiquement l'étude des épidémies. En réalité, il s'agit de l'étude statistique des facteurs favorisant l'apparition d'une épidémie. L'étude va s'étendre aux caractéristiques des populations atteintes d'une maladie quelle qu'en soit sa cause, ou susceptibles de l'être. Un travail d'enquête portant sur les différents facteurs liés à une affection est la première étape de cette nouvelle science. La deuxième étape est l'approche statistique, qui permet de conduire à la décision préventive et parfois curative.

L'essor de l'épidémiologie

Tout au long du XXe siècle, le champ d'application de l'épidémiologie s'est élargi. Aujourd'hui, la discipline s'intéresse aussi à de nombreux sujets d'activité humaine concernant les milieux économiques. Grâce aux résultats des études, elle tente d'initier de profondes modifications des comportements au niveau des individus mais aussi des organisations. Elle maîtrise les méthodes permettant à chacun de tirer bénéfice des produits de l'industrie. Elle est la science de la santé publique et donne une base à la véritable écologie.

L'approche statistique des populations s'intéressera dans un premier temps aux maladies infectieuses, elle étendra ensuite sa recherche à toutes les maladies et élargira enfin son champ d'investigation aux différentes caractéristiques mesurables, des populations, des produits nouveaux proposés par l'industrie des médicaments, des dispositifs médicaux et de toutes les propositions d'actions diagnostiques et thérapeutiques. L'épidémiologie est aussi la discipline princeps de la mesure des pratiques en médecine.

En quantifiant, l'épidémiologie est d'un apport primordial dans l'étude des facteurs favorisant une maladie. Elle sait dire si deux faits trouvés dans une population sont corrélés ou seulement apparus par hasard en même temps. Elle met brillamment en évidence les facteurs favorisant les risques d'apparition d'une affection ou d'une pollution, et les classe par ordre d'importance. C'est par elle que l'on a pu désigner l'impact de l'alcool, du tabac, des drogues, des habitudes alimentaires et sexuelles dans la déstabilisation de la santé et la survenue de maladies graves. Cette science est un élément essentiel des politiques de prévention et de maîtrise des risques. L'épidémiologie devient la charpente scientifique de la santé publique.

Mettant à profit les méthodes découvertes par Snow – mesures épidémiologiques de l'incidence et de la prévalence d'une maladie –, la prévention est en mesure d'évaluer sa propre efficacité. L'incidence est le nombre de nouveaux cas annuels, la prévalence est celui des cas cumulés. De telles mesures permettent de hiérarchiser les besoins des malades et des bien portants dans une population étudiée.

Dans une région donnée, les professionnels de santé et tous les citoyens peuvent savoir quelles sont les maladies qui les menacent par ordre de gravité et par fréquence. Ils peuvent ensuite apprendre les facteurs favorisant l'apparition et le développement de chacune de ces maladies. Sans même connaître la cause d'une maladie, des actions efficaces peuvent être entreprises. Ces mesures ont pour objectif de faire disparaître, le plus souvent de diminuer, les risques engendrés par les facteurs aggravant une maladie. Le tabac, l'alcool, les drogues sont par exemple des facteurs à maîtriser pour diminuer l'incidence du cancer du poumon, des cirrhoses ou des altérations du tissu nerveux cérébral.

L'épidémiologie et les politiques de santé publique

L'épidémiologie au XXIe siècle, avec le diagnostic de précision et le traitement spécifique des causes, sera un acteur déterminant des politiques de santé publique. Son influence se fera sentir par les moyens mis en œuvre dans chacune des affections. Elle mesurera, paramètre par paramètre, l'utilité des actions entreprises. Elle pourra évaluer financièrement l'efficacité des campagnes et établir des comparaisons avec les campagnes précédentes.

C'est grâce à ces méthodes que les pharmacologues savent mesurer tous les effets cliniques bénéfiques et indésirables des médicaments. Appliquées aux dispositifs, aux actes médicaux, chirurgicaux, infirmiers, ces méthodes fournissent également des renseignements utiles aux professionnels de santé sur la qualité de leurs pratiques.

L'épidémiologie permet au médecin de prendre des décisions en sachant évaluer les effets de sa prescription, et de conseiller de supporter des effets néfastes quand les bénéfices sont évidents.

L'épidémiologie est l'argument essentiel à la création d'un protocole d'information nécessaire à tout système de santé. Aujourd'hui l'ordinateur, outil moderne de la discipline, permet de renseigner les dirigeants d'un système de santé mais aussi tous les professionnels de santé eux-mêmes sur leur pratique, et enfin les populations sur les risques qu'elles encourent.

La cause unique est le propre des infections et d'une partie des maladies génétiques. Mais il existe des maladies qui paraissent ne pas avoir une seule cause et certains malades peuvent souffrir de plusieurs affections chroniques. Dans l'attente de la découverte des causes, l'épidémiologie peut détecter les facteurs favorisant chaque maladie, on les nomme « facteurs de risque ».

Exemple de ce type de pathologies : l'athérosclérose, qui dépose des plaques d'athérome dans les parois des artères. Peu ou prou, cette affection concerne tous les individus du monde, c'est pourquoi elle représente une immense préoccupation médicale, mais aussi un marché considérable. L'enjeu est de taille pour tous. L'hypertension artérielle, le diabète, l'obésité, le tabagisme, l'augmentation du cholestérol sont autant de facteurs qui favorisent le développement de la pathologie et de ses dramatiques manifestations artérielles, cérébrales, cardiaques et rénales. Qui ne redoute pas de devenir hémiplégique, aphasique, d'être victime d'un infarctus du myocarde ou de souffrir d'insuffisance rénale ?

Chacun de ces facteurs de risque agit selon des mécanismes différents, hémodynamiques ou métaboliques. L'influence de chaque facteur de risque sur l'apparition, l'évolution et la gravité d'une maladie est mesurable. C'est toutefois la pression sanguine qui a la plus lourde conséquence sur l'athérosclérose. Chaque individu présente des facteurs de risque variables selon son profil propre : âge, passé et présent médical.

La pharmaco-épidémiologie mesure les effets (bénéfices et inconvénients) et donc l'utilité du traitement de chacun des facteurs, par des essais cliniques dont les différentes méthodologies sont aujourd'hui bien connues. Ces essais sont comparatifs et nécessitent souvent un grand panel d'individus suivi sur plusieurs années. Ils sont généralement difficiles à mener et encore plus compliqués à évaluer : les risques de mauvaise évaluation augmentent en effet avec la taille des échantillons. Un essai sur une population ne peut pas directement être transposé à une autre population et donc à tout patient de manière générale, d'autant plus que le médecin est amené à traiter l'athérosclérose à des moments différents de son évolution. S'il intervient chez un patient en parfait état clinique, indemne de toute complication, on parle alors de « prévention primaire ». La prévention est dite « secondaire » lorsqu'elle concerne des sujets ayant déjà présenté un épisode plus ou moins sévère de la maladie. Les médecins doivent donc faire face à de grandes difficultés dans l'évaluation des médicaments adéquats, à plus forte raison dans les sociétés suspicieuses qui se méfient des experts.

Lorsque cette évaluation préconise l'utilisation d'une mesure ou d'un traitement dans une population donnée, le suivi du parcours concerné demande une organisation spécifique pour chaque individu. Les malades suivis dans ces filières doivent être formés, et informés de ce qui les attend : ils doivent d'abord être renseignés sur les risques qu'ils encourent et sur les moyens à utiliser pour les maîtriser. C'est le temps de l'éducation thérapeutique, responsabilisant chaque patient vis-à-vis de son capital santé.

Internet est un bon outil, cette base virtuelle de données fourmille de renseignements sur les mesures existantes et leur évaluation. Chacun a alors la liberté éclairée de choisir son mode de vie. L'éducation thérapeutique réussie permet donc de mettre au jour l'intérêt de participer à la filière compétente en fonction de chaque cas, étant bien entendu que l'efficacité ne se fait souvent sentir qu'après une longue observance. Le traitement de l'hypertension artérielle est particulièrement éclairant en ce domaine. Maintenir sa tension artérielle à un niveau normal demande une obstination quasi obsessionnelle et les professionnels de santé ont une fonction majeure dans la réussite de ce maintien.

Les associations de malades et les professionnels de santé tiennent des rôles d'importance dans de telles filières. Les médecins, conscients des difficultés et de la personnalité de chacun, trouveront, par leur savoir, leur humanité, leur dialogue avec chaque individu, les termes convaincants pour engager les changements utiles et nécessaires au maintien de la santé à long terme. Si les savoirs diagnostique, épidémiologique et thérapeutique font la compétence technique du médecin, son humanité créatrice de confiance lui permet de proposer la conduite compréhensible et respectueuse de la liberté de chacun, dans laquelle le patient s'engagera avec détermination. Restera ensuite à baliser le parcours car la maîtrise des risques est un long chemin à ne jamais interrompre. C'est dans ce processus complexe et interactif que réside le succès de cette pratique ambulatoire.

L'épidémiologie a un bel avenir et une importance considérable pour définir les objectifs du système de santé de l'avenir. Notre époque résolument consumériste aurait une fâcheuse tendance à mettre la médecine sur le marché du commerce. Le savoir médical épidémiologique et l'humanisme médical devraient être capables d'équilibrer les rapports entre médecine et commerce. Le rôle social de la médecine a pris après 1946 de plus en plus d'importance. Une nouvelle maladie est apparue : la bureaucratie, qui mine les organisations même les plus utiles, et dont la gravité va croissant.

Qui soignera la maladie bureaucratique ?

Toutes ou presque toutes les maladies du corps humain ont été décrites par les médecins au cours du XIXe siècle. En revanche, de la bureaucratie, maladie de la gestion, ils n'ont laissé aucune description ! C'est pourtant une maladie des temps modernes qui sévit lourdement dans les grandes organisations privées et publiques. L'ère industrielle lui a donné tous les outils dont elle avait besoin pour se développer. Les médecins, artisans individualistes, en seront les victimes.

Les grands médecins d'autrefois auraient pourtant pu prêter l'oreille au monde de la littérature qui se plaignait ou se moquait du pouvoir abusif de l'Administration et de ses bureaucrates à l'esprit étroit. Ils n'en ont pas mesuré l'importance, le divertissement les a empêchés de voir et de prévoir. Ils souriaient lorsqu'on évoquait devant eux ces gratte-papier, paperassiers, ronds-de-cuir à manches de lustrine, scribouillards à l'influence abusive, qui représentaient pourtant la forme bénigne et comique de l'affection ! La bureaucratie était certes une maladie de l'Administration connue depuis l'Antiquité, mais elle était, en ce temps-là, discrète et limitée et ne concernait ni les patients, ni les médecins.

Le monde de la santé en sera vite infecté… sous une nouvelle forme plus contraignante et plus dangereuse : une sorte de démocratie normative qui impose que tous soient traités équitablement, avec des règles communes, une sorte de justice intraitable qui affirme que ce qui vaut pour tous vaut pour chacun.

Dans la première moitié du XXe siècle, cette bureaucratie a connu sa forme clinique la plus effroyable dans les pays totalitaires alors que dans le même temps, le progrès du savoir était sur le point de révolutionner les pratiques. L'efficacité médicale naissait. La société de l'homme-masse du philosophe espagnol José Ortega y Gasset, épris d'une soif de vivre sans limite, en décela rapidement l'intérêt et les bénéfices et voulut en profiter. Avec boulimie peut-être, puisque la médecine était gratuite !

Cette période ne fut pas correctement gérée, les structures héritées du passé étant complètement inadaptées. Le professeur Robert Debré le perçut et construisit la réforme nécessaire. Il fallait bâtir une organisation nouvelle, même si fondamentalement il aurait fallu tout reconstruire. La tâche était immense. Ce travail fut seulement amorcé sans être poursuivi. Est-il possible de modifier toutes les habitudes des vieilles structures en une seule fois ? La production des soins, la distribution des soins, la rétribution des acteurs étaient de vrais sujets de gestion. Ils ne furent malheureusement pas traités avec modernité. La formation des professionnels de santé nécessitait elle aussi une grande réforme, centrée sur l'efficacité et la continuité du progrès. Elle ne se fit pas avec la rigueur que permettaient désormais l'épidémiologie et ses mesures. Les déconvenues allaient survenir… 1968 approchait.

Les gouvernants s'étonnèrent d'abord, puis s'inquiétèrent lorsque les dépenses de santé se mirent à augmenter. Ont-ils perçu à ce moment-là les problématiques qui se posaient et la nécessité d'une refondation ? Ils se focalisèrent sur les difficultés financières alors que l'état d'esprit des citoyens patients et des médecins se transformait. Il leur fallait trouver quelques coupables : ce seront les médecins et l'industrie de la santé. Ils prirent alors une décision qui allait ouvrir en grand la porte à la bureaucratie : l'Administration devait diriger. Était-ce vraiment la bonne solution ?

Le pouvoir administratif s'installa par la multiplication du nombre de ses agents. Le secteur soignant et le secteur administratif se développaient parallèlement, côte à côte. Les deux conceptions étaient radicalement opposées alors qu'elles devaient concourir à un projet commun.

D'un côté, le pouvoir médical devait laisser la place et les praticiens devenir des techniciens à encadrer. Les chaires universitaires furent supprimées, le titre de médecin des hôpitaux fut remplacé par celui de praticien hospitalo-universitaire. Bientôt, les médecins ne seraient plus tous universitaires dans les CHU. L'égalité et la mutualisation atteignaient leur paroxysme et leur limite en affirmant que tout soignant, tout médecin est l'équivalent de son voisin.

D'un autre côté, la médecine était une vocation rendue intouchable par le savoir, la disponibilité, l'humanité. La génération médicale en place n'a pas réagi, comme le montre cette saisissante réplique d'un ministre de la Santé : « Les médecins sont tellement passionnés par leur métier que l'on peut tout leur faire. » Il suffisait d'inséminer le germe de la guerre des classes en persuadant les citoyens que les médecins étaient plus intéressés par l'argent que par les malades…

C'était fait, le terrain était devenu parfaitement favorable à l'endémie bureaucratique qui s'installa et finit par atteindre les médecins eux-mêmes.

La bureaucratie est devenue la plus grave maladie chronique du monde de la santé.

Elle submerge l'activité journalière de tous les médecins, et plus particulièrement celle du médecin généraliste. Elle affecte trente à quarante pour cent de leur temps. Sous prétexte de réglementation, de nécessité de traçabilité, ils tapotent sur leur ordinateur plus qu'ils n'auscultent, ils demandent des examens complémentaires inutiles pour se mettre à l'abri du risque et du juge. Cela conduit nombre d'entre eux à ne plus faire ce pour quoi ils sont faits, ce en quoi ils ont cru. Le temps du médecin est précieux, il ne devrait pas être encombré par des tâches secondaires. Bien sûr, le médecin doit connaître les normes mais il est le seul capable de les adapter à la spécificité de chacun.

La bureaucratie est la maladie de la gestion des sociétés de l'État-providence, de L'État social. La réglementation et la régulation sont ses terrains de prédilection, avec pour objectif incongru d'imposer toujours le même trajet à tous. Elle utilise circulaires et arrêtés, lois et décrets d'application, qui, même lorsqu'ils sont utiles, courent le risque de tout compliquer par leur intransigeance constitutive. Elle s'attaque à tous les sujets, même ceux qui ne relèvent pas de sa compétence.

Qu'a-t-elle à dire de la science médicale ? Rien, sinon des interprétations vite dépassées, mais longtemps ancrées. Elle rigidifie toutes les attitudes, tous les comportements. Elle produit avec délectation du temps perdu, du temps d'attente, de la lenteur, de la complexité, du blocage ou du retard d'application des solutions adaptées ou des initiatives utiles. La pire des conséquences est la transformation morose et désabusée de la plus grande partie des agents administratifs ainsi que de nombreux médecins.

Tout s'est construit sans vision, sans projet à long terme sur la médecine et ses possibilités. Au lieu de s'intéresser aux nouveaux besoins des malades et des populations, l'Administration continue à prolonger des structures hospitalières dépassées, devenues des monstres tentaculaires repliés sur eux-mêmes, et à maintenir des modes de rétribution devenu obsolètes. Alors que l'avenir est à la consultation, à l'ambulatoire, la bureaucratie s'est accrochée à l'hospitalisation !

Les technologies modernes, si prometteuses pour le développement des soins à domicile, sont l'espoir de tous. Pourtant, la bureaucratie s'est jusqu'ici montrée incapable de les mettre en place.

En quarante ans, la maladie de la paperasse et de l'uniformisation a causé des dégâts considérables. À vouloir maîtriser les coûts, à vouloir protéger une idéologie surannée de service public ouvert à toutes les pathologies, les valeurs nouvelles de gestion adaptées au monde de la médecine du juste coût ont été occultées.

La production de soins aurait dû être à l'origine de structures autonomisées de traitement adaptées aux progrès diagnostiques et thérapeutiques. Des hôpitaux ou des cliniques privées d'orthopédie-traumatologie, d'obstétrique, de chirurgie ambulatoire, de consultations pluridisciplinaires devraient être répartis géographiquement en fonction des besoins de la population. Les hôpitaux généraux n'ont plus de raison d'être. Les CHU doivent être consacrés à leur fonction première de formation, de recherche et de soins de référence.

Il aurait fallu tenir compte de la différenciation entre maladies aiguës et maladies chroniques dans la distribution des soins. Les maladies chroniques doivent en effet être considérées comme des maladies aiguës sans traitement causal encore découvert et nécessitent d'être prises en charge dans des filières conjuguant médecins généralistes et médecins spécialistes des secteurs public et privé. Les urgences auraient dû intégrer les médecins généralistes pour éviter la transhumance nocturne vers les hôpitaux transformés nuitamment en cour des miracles.

À la base, l'Administration a été créée pour fluidifier les organisations et faciliter la gestion. Elle n'a pas à être seule à diriger. Ce domaine devrait être pensé comme un lieu de partage avec les professionnels de santé qui sont les seuls capables de prévoir les organisations adaptées aux progrès des connaissances, des bénéfices et des risques. La médecine qui ne cesse de progresser pour le bien de tous mérite mieux que la gestion actuelle d'un système de santé trop souvent en retard sur les innovations scientifiques.

– 9 –

CHARLES DARWIN, LE FIL D'ARIANE

Le 24 novembre 1859 paraît un ouvrage tiré à un peu plus de mille exemplaires, *L'Origine des espèces*, signé par un certain Charles Darwin. Le livre est épuisé dans la journée, plébiscité par un public très spécialisé. Deux mois plus tard, trois mille volumes sont réimprimés. Le savant naturaliste de cinquante ans, déjà connu et reconnu, démontre dans son livre que l'homme appartient au règne animal. Il formule une hypothèse explicative qu'il nomme « sélection naturelle ». Tous les lecteurs, même les plus avertis, sont sidérés.

À cette date, la pensée chrétienne domine largement et, pour elle, chaque espèce a une origine séparée, sans changement dans l'évolution. En soutenant la thèse de la sélection naturelle, bouleversante nouveauté d'essence scientifique, Darwin s'oppose au dogme. On imagine la stupeur des consciences. La révélation fait l'effet d'une bombe.

Beaucoup croient que Dieu a fait l'homme à son image et les réactions ne se font pas attendre. Une véritable révolution se met en marche. Après trente ans d'observations, le savant anglais propose une hypothèse que la science biologique et biomoléculaire mettra plus de cent ans à démontrer. Les mécanismes biologiques de la sélection naturelle ne seront découverts qu'après 1930.

L'énigme du sphinx

Plus de deux mille ans plus tôt, Aristote avait cherché, de son côté, à distinguer les animaux, par la même méthode : l'observation. Il avait décrit cinq cents espèces. Il avait surtout examiné les animaux de bord de côtes et… les embryons de poulet. Hippocrate, lui, avait vu que les enfants ressemblaient à leurs parents et il avait tiré de ce constat un fait médical utile au diagnostic de certaines maladies.

La mythologie grecque, elle, tenait pour acquis que l'homme était un animal qui évolue. Le sphinx de Thèbes proposait une énigme aux passants, aussitôt dévorés car ils ne trouvaient jamais la solution.

– Quel est l'animal qui marche sur quatre pieds le matin, sur deux pieds à midi et sur trois le soir ? demandait le sphinx.

Œdipe, le premier, sut répondre.

– C'est l'homme.

Il eut la vie sauve et le sphinx se tua alors en se jetant du haut d'un rocher. Cette fable est prémonitoire : elle annonce Darwin !

Le sphinx a des traits d'espèces différentes transmis par ses parents : la tête du pharaon, la poitrine de sa mère Echidna, la queue de dragon de son père Typhon, le corps de lion de sa sœur Chimère et les ailes de ses sœurs les Harpies. Puisque le monstre est battu, il disparaît. L'intelligence d'Œdipe constitue sa valeur ajoutée, un caractère adapté donc utile et nécessaire : il trouve la bonne réponse, il est sélectionné, il survit. Cette fable est une synthèse poétique de la sélection naturelle. Ni les Grecs, ni même Darwin n'avaient la moindre idée de la machinerie biologique génétique permettant la transmission des traits héréditaires et l'évolution des espèces.

L'origine des espèces, leur adaptation, leur évolution soulevaient des questions de génération en génération depuis l'Antiquité. Les naturalistes du XVIIIe siècle savaient que les caractéristiques des parents avaient une influence déterminante sur la nature des enfants. Au XIXe, les problématiques de l'évolution et de l'hérédité sont devenues un sujet scientifique : les hypothèses ont donc fleuri de tout côté. Jean-Baptiste de Monet, chevalier de Lamarck, a fondé le lamarckisme, passé dans le langage commun avant le darwinisme ou le freudisme.

Chimiste, météorologue, géologue, philosophe de la nature, Lamarck est le premier grand théoricien de cette nature. C'est lui qui forge le mot « biologie ». En 1809, alors âgé de soixante-cinq ans, il publie *Philosophie zoologique*. Il y soutient que les animaux doivent s'adapter aux milieux dans lesquels ils vivent et à leurs modifications. Ainsi leurs organes et leurs comportements se transforment et se complexifient au fil du temps, transmettant ces nouvelles caractéristiques à leur descendance. Les besoins sont la cause de l'évolution de l'espèce.

Mais quel est donc le moteur biologique de l'adaptation qui permet l'évolution de l'espèce ? Est-ce un désir, une volonté, un instinct ? Les pulsions que Sigmund Freud évoquera un siècle plus tard pourraient bien être liées au mode de pensée de Lamarck. Étudiant la girafe, ce dernier conclut que pour maintenir sa niche écologique au fil du temps, elle a eu *besoin* d'allonger son cou pour brouter les feuilles des arbres situées de plus en plus haut.

L'idée du changement organique des espèces au cours du temps, le « transformisme », avait déjà été une idée révolutionnaire, sévèrement combattue bien sûr. Georges Cuvier, fondateur de l'anatomie comparée et de la paléontologie, s'opposa à Lamarck. Il fut le premier à affirmer – avec raison – que le monde a bien plus de six mille ans. Il soutient la théorie des catastrophes… À ses yeux, les espèces ne se transforment pas, elles disparaissent au hasard des cataclysmes… comme ont disparu les dinosaures. Elles laissent la place à d'autres espèces qui naissent, vivent et meurent sans transformation. Darwin avait été formé aux idées de Lamarck. Il est né l'année de la parution du livre du naturaliste français. D'ailleurs, son grand-père, également naturaliste, était un adepte du lamarckisme.

Darwin : cinq ans sur un bateau

Revenons à Darwin. Fils de médecin, il accompagne souvent son père dans ses visites : c'est donc naturellement qu'il se laisse convaincre d'entreprendre des études de médecine à Édimbourg. Toutefois, la vue du sang le révulse et la brutalité des gestes chirurgicaux l'effraie. L'étude des sciences naturelles, et particulièrement de la géologie, le passionne bien plus. Il envisage de devenir pasteur mais en 1831, à vingt-deux ans, il demande au capitaine d'une expédition menée dans le but d'établir des relevés géologiques des côtes d'Amérique du Sud de l'emmener à bord, sans rémunération. Son père, d'abord réticent, finit par accepter. Darwin embarque alors sur le *Beagle* pour un voyage de cinq ans qui lui fera parcourir le monde entier. Il passera le plus clair de son temps à terre à faire des observations géologiques et à analyser la faune et la flore. Il prélèvera de nombreux fossiles qu'il prendra soin de rapporter en Angleterre pour étudier les différentes espèces animales. D'un territoire à l'autre, d'une île à l'autre, il découvre des variations notables au sein d'espèces similaires. Ce long périple lui donnera les premiers éléments de ses découvertes scientifiques. À la suite de ces remarques, Darwin développera deux théories qui se conjuguent.

La première concerne l'origine des espèces. Les espèces actuelles sont des formes évoluées d'espèces préexistantes communes à tous les animaux, même à l'homme. Il existe une forme initiale, qui est le point de départ de toutes les espèces. Tous les êtres vivants, des plus simples aux plus complexes, font partie d'un même continuum. Il y a des différences entre les espèces qui, dans les faits, sont issues des divergences d'adaptation au milieu de vie. Il n'y a pas discontinuité, les caractères ancestraux ont simplement évolué. L'étude de leurs transformations successives constitue la *phylogénie,* tandis que leur transmission héréditaire est, elle, le champ de la *génétique.* Cette théorie constitue un bouleversement radical des croyances, immédiatement combattu puis finalement assez vite accepté.

La seconde théorie soutient que l'évolution dépend d'un mécanisme d'adaptation au milieu, la fameuse sélection naturelle. Elle va donner son sens à la biologie et à une partie essentielle de la médecine moderne.

L'origine de l'homme revisitée

La vie sur la Terre est apparue il y a deux à trois milliards d'années. Les premiers êtres vivants étaient des bactéries monocellulaires. Pendant deux milliards d'années, ces êtres constitués d'une unique cellule furent les seuls à vivre sur terre. Vinrent ensuite des êtres pluricellulaires. Peu à peu, en fonction de l'environnement, s'adaptant au milieu et à ses variations, les différentes espèces animales sont apparues. Elles se sont modifiées pour que leur adaptation soit la meilleure possible.

Nos plus anciens ancêtres ont donc été des êtres monocellulaires. À l'époque où la Terre était entièrement recouverte d'eau, nos ancêtres étaient poissons. Le singe est le dernier animal qui nous a précédés. La distinction homme-singe s'est faite il y cinq ou sept millions d'années. Les singes ont continué leur chemin adapté dans leur milieu et les hommes ont évolué dans le leur. L'*Homo sapiens,* à qui nous ressemblons, est apparu très récemment, il y a deux cent mille ans. Évidemment, à la lumière de ces éléments, on peut se demander si après l'homme actuel, un humain mieux adapté au monde en constant changement apparaîtra… Si l'on en croit la science, qui considère que l'effondrement du Soleil n'aura lieu que dans neuf milliards d'années, il y a de la place pour d'autres espèces. Pourtant, la réponse pourrait bien être aussi négative. Par ses capacités de création technique et sa réflexion éthique, l'espèce humaine domine le monde et maîtrise sa nature, au point de pouvoir les détruire. L'homme est-il la fin de l'évolution ? Qui décide ?

Le chimpanzé est l'espèce animale la plus proche de l'homme. Bien avant la découverte de Lucy, Darwin a soutenu que l'Afrique était le berceau de l'humanité, l'endroit où l'homme est né pour la première fois. Il élabora cette hypothèse par déduction : l'Afrique est le lieu qui comptait le plus grand nombre de grands singes, c'était donc de là que l'homme était parti ! Cela sera vérifié plus de cent ans plus tard.

À l'évidence, il existe des différences majeures entre les grands singes et l'homme. La plus importante concerne le cerveau : le chimpanzé a un cerveau de trois cents grammes, celui de Lucy pesait quatre cent dix grammes, celui de l'*Homo sapiens* mille cinq cents grammes. Mais lui va parler, construire des outils, développer sa pensée, devenir monogame, savoir que sa mort est inéluctable.

Comment expliquer ces divergences si colossales entre le singe et l'homme et pourtant survenues en si peu de temps ? Darwin pensait que cela venait du passage de quadrupède à bipède et bimane. Les membres supérieurs étant libérés de la locomotion, les mains peuvent alors fabriquer des outils et tailler la pierre.

Les énormes dents plantées dans ces mâchoires fracassantes n'avaient plus de raison d'être. Les relations sociales se développent et avec elles l'intelligence qui, au fil du temps, poursuit son développement et influe sur la taille du cerveau, qui grossit.

L'argumentation de Darwin pourrait bien paraître insuffisante : le singe bipède qui, comme l'homme, s'est mis debout, n'est pas devenu un homme. De plus, d'autres facultés d'importance se sont développées chez l'homme dans un temps bien court. L'homme est devenu le maître de la nature, et s'est considérablement différencié des autres espèces.

Ainsi, avec sa première théorie, Darwin révolutionne le savoir sur l'origine de l'homme après avoir expliqué celle de toutes les espèces.

Tout le monde descend d'une bactérie. Nous avons tous été poissons. Sommes-nous le bout de l'évolution ? Nous le pensons, nous le croyons. Nous l'espérons, sans en avoir la certitude.

La sélection naturelle

C'est la deuxième théorie de Darwin. Elle est élaborée alors que l'hérédité n'a livré aucun de ses secrets. Cette sélection est le moteur de l'adaptation à l'environnement, au milieu de vie. Chaque individu est porteur de variations discrètes liées au hasard mais aussi à la nécessité de s'adapter pour survivre. Les individus les mieux adaptés au milieu sont par conséquent ceux qui se reproduisent le plus. Au bout de quelques générations, la variation la plus adaptée est transmise à toute l'espèce. La loi du plus fort n'est pas obligatoirement la règle dominante, comme auraient pu le soutenir La Fontaine et son loup.

Chaque fois que le milieu change, des variations adaptatives se créent et se transmettent, créant les divergences à l'origine de nouvelles espèces.

Pour Darwin, la sélection sexuelle est une forme particulière de sélection naturelle. Il remarque que la roue des paons ou la ramure des cerfs ne s'expliquent pas par les rigueurs de l'environnement, mais par la nécessité de séduire la femelle. Pour convaincre la femelle de se laisser approcher, deux possibilités s'offrent au mâle : lui plaire par son attrayante beauté ou chasser les concurrents par sa force. Une compétition bien rude. Peut-on, en souriant, comparer ces comportements animaux à ceux de l'espèce humaine ? Chez nous, l'égalité des sexes conduit les femmes à se montrer aussi séductrices que les mâles et à devenir monogames.

Pour être créatrice, la sélection naturelle conduit à l'élimination. Bien évidemment quelques cerveaux malades ont imaginé des prolongements pervertis des théories de Darwin : la sélection choisie des plus aptes. L'homme est capable de « faciliter » ou d'orienter l'œuvre de l'évolution. Il sait par exemple stériliser les individus qui risquent d'engendrer de façon non optimale. Entre 1920 et 1930, au nom de l'eugénisme, des dizaines de milliers d'handicapés, d'infirmes, de vagabonds ont été stérilisés dans plusieurs pays. Le plus grave restait encore à venir. Les exterminations au nom de la pureté de la race, honte du XXe siècle.

Darwin a stupéfié le monde. Hasard et nécessité sont les maîtres mots du principe de toute vie. Hasard des mutations et nécessité du milieu. Son hypothèse était la bonne, une idée révolutionnaire, annonciatrice d'une grande avancée du savoir. Pourtant, en France, Darwin se vit refuser à cinq reprises l'entrée à l'Académie des sciences. Il dut finalement son admission à ses derniers travaux… sur les orchidées !

La sélection… médicale !

En 2015, pour devenir médecin en France, il faut passer le barrage de la sélection. Est-il déraisonnable, en suivant Darwin, d'observer la sélection médicale, d'analyser les nécessités auxquelles elle tend à s'adapter et les traits gagnants que le hasard a distribués aux concurrents ?

Relation et éthique humanistes de toujours, connaissances, technicité et raisonnement scientifiques d'aujourd'hui réunis dans un même cerveau, dans une même personne : telles sont toutes les valeurs qu'un malade attend du médecin auquel il va devoir, auquel il va vouloir, se confier.

Acteur du pacte de confiance, membre d'une équipe assurant la continuité des besoins d'un patient, parfois son chef, dans une organisation répondant partout à l'appel de tous, le médecin est, il ne faut pas en douter, une ressource rare. Il doit être formé au changement, car, dans un monde de progrès, il devra s'adapter aux innovations techniques et organisationnelles qui ne manqueront pas de se présenter à lui. S'adapter à une société qui change est aussi une qualité dont il doit être porteur. Le trouver, le choisir n'est pas tâche aisée dans une époque où plus le savoir progresse, plus les hommes, craintifs et apeurés, s'opposent au changement.

En s'inscrivant à la faculté de médecine, l'étudiant candidat médecin exprime un choix sous-tendu par des désirs forts : aider les malades dans leur souffrance, combattre la maladie, retarder la mort. La Faculté est chargée de choisir les élus par une sélection qualitative et quantitative bridée par deux mots : numerus clausus.

Étonnamment, c'est à la période de la Révolution de 1789, où la législation donnait la liberté de soigner à tous ceux qui le souhaitaient, que la proportion entre soignants et soignés a été le mieux équilibrée ! Depuis, aucune autre époque n'a connu une réelle adéquation entre les besoins de la population et le nombre de médecins actifs. Les décennies pléthoriques et celles de pénuries n'ont cessé de se succéder. Depuis la dernière guerre mondiale, les chiffres sont édifiants et bien difficiles à comprendre. Gilles Johanet, ancien directeur général de la Caisse nationale de l'assurance maladie des travailleurs, nous dit, dans *Santé : dépenser sans compter, des pensées sans conter*[1], qu'il y avait vingt-huit mille sept cents médecins inscrits à l'Ordre en 1946, soixante-cinq mille en 1970 et cent soixante-dix-huit mille en 1993. La surcharge évidente devait

1. Éditions Santé de France, 1995.

atteindre son apogée en 2008, avec deux cent mille médecins inscrits !

La mathématique connaît les nombres premiers depuis des millénaires, l'après-1968 nous a gratifiés d'un « nombre fermé », ce fameux numerus clausus. Deux termes latins qui désignent la limitation imposée du nombre de personnes admises à un enseignement, un concours, une profession. La quantité barre toujours la route à la qualité. C'est ce qui fait toute la difficulté de la sélection pour entrer en médecine ! Un nombre fixé pour des besoins qui n'ont jamais été évalués autrement que par le bout du nez…

Au lendemain de 1968, l'engouement des étudiants pour la médecine a été considérable. Leur nombre en première année est passé de huit mille en 1964 pour douze facultés et dix écoles de médecine à trente-six mille en 1974 pour quarante-deux facultés. Deux fois plus de facultés et quatre fois plus d'élèves ! Il faut dire que le statut social du médecin était alléchant…

Ce véritable assaut étudiant déclencha une inquiétude justifiée chez le contribuable : tout cela allait coûter très cher ! Dès 1971, ce système de numerus clausus fut mis en place en France. Comment ? Par un concours en fin de première année. Le nombre d'étudiants pouvant passer le barre de ce concours était fixé : d'abord stabilisé à dix mille, le chiffre a été régulièrement abaissé au cours des rentrées suivantes : de 1991 à 1993, le numerus clausus a été maintenu à trois mille cinq cents étudiants chaque année. Puis, nouvelle politique, ce total d'admissions a grimpé peu à peu pour dépasser les sept mille cinq cents en 2016.

Ainsi, le nombre d'étudiants formés en médecine dans notre pays remonte progressivement afin de couvrir des besoins… dont l'évaluation exacte n'a jamais été établie ! Et d'ailleurs, comment estimer ces besoins au sein d'un système de santé qui n'est plus adapté aux nécessités médicales réelles des citoyens ?

Aujourd'hui, le sentiment de pénurie est solidement installé : nous ne formons pas assez de médecins ! Régulièrement, des praticiens étrangers rejoignent l'Hexagone, et plus de vingt mille d'entre eux occupent à présent des postes dont les médecins formés en France ne veulent pas. Le monde de la santé a changé plus vite que les mentalités.

L'analyse de la démographie médicale est sans doute complexe, d'autant que de multiples paramètres interviennent. Les modalités de l'activité soignante se sont considérablement modifiées. Avec la mise en vigueur des trente-cinq heures, le temps de présence médicale génératrice de confiance dans les établissements de soins s'est raccourci. Et certainement pas dans l'intérêt du patient. Y a-t-on seulement pensé ? Former aux frais de la communauté pendant dix ou quinze ans des médecins pour qu'au bout du compte ils ne travaillent que trente-cinq heures par semaine relève d'une idéologie du passé ou d'une volonté de créer des niches de rentabilité !

On peut légitimement se demander si les besoins des patients sont bien l'objectif visé. Les médecins n'ont pas la possibilité de déléguer des tâches médicales à des professionnels de santé capables de les suppléer. La délégation des tâches, qui finira par s'imposer, n'est toujours pas mise en place. L'augmentation du nombre d'étudiants admis en deuxième année de médecine n'est sans doute pas la meilleure manière d'anticiper la mise en place de ce processus si nécessaire et pourtant si combattu. L'arrivée de nouvelles technologies qui transformeront des pans entiers de la pratique médicale n'a été ni prévue, ni préparée. Ces technologies sont pensées dans l'objectif de permettre aux patients d'être le plus longtemps possible traités à domicile.

Le numerus clausus ne peut pas combattre toutes les problématiques énoncées : son augmentation ne palliera certes pas la désaffection des postes de médecins de campagne, lorsque ceux-ci partent à la retraite.

La médecine se fait désormais en équipe et non plus individuellement. Les maisons médicales regroupant une équipe de professionnels de santé, fonctionnant sept jours sur sept, finiront par être une part de la nécessité.

Par ailleurs, l'attrait pour des spécialités sans urgence, suscité par un effet de mode ou une rémunération avantageuse, s'est développé sans référence au bien commun.

On le voit bien, le numerus clausus n'est pas établi correctement. Une organisation moderne du système de santé, tenant compte des nouveaux métiers et des innovations, ferait disparaître logiquement nombre de structures inadaptables à la médecine du XXIe siècle. L'évolution est d'ores et déjà en marche, elle va aller en s'amplifiant : la consultation va primer sur l'hospitalisation, et finalement la pratique ambulatoire et les hospitalisations de jour seront majoritaires.

L'évaluation des besoins est donc une nécessité. Elle est bloquée par de multiples influences qui protègent, contre l'intérêt des populations, des organisations désuètes et coûteuses dont les préoccupations sont loin de celles de la médecine telle qu'elle doit être pratiquée. Pauvre Sécurité sociale ! Dans une telle situation, on comprend l'inquiétude des étudiants en médecine qui préparent le concours de fin de première année. Pour passer la barre de l'inévitable numerus clausus, pour faire partie du nombre fermé des admis, le candidat n'a qu'une solution : un travail rigoureux, acharné et impitoyable. Or ce travail développe nécessairement un esprit individualiste alors qu'un esprit d'équipe est essentiel.

Bien sûr, la sélection actuelle fonctionne et a des qualités. Elle évalue, avec justice, ce qui peut le plus facilement l'être. Elle valorise l'esprit géométrique, ce qui n'est pas mince. Tous les reçus sont valeureux, intelligents, rigoureux, solides, structurés dans leur organisation mais quelquefois, ils sont usés aussi. Cette sélection repose sur l'idée que la médecine est une science qu'il faut acquérir voire maîtriser avant d'approcher un patient.

En revanche elle laisse sur le bas-côté l'esprit de finesse et les aptitudes à instaurer la confiance si utile à l'efficacité du pacte symbolique décrit par Lévi-Strauss à propos des populations primitives. Rien n'est mis en place pour explorer les qualités éthiques, pour déceler les dispositions de responsabilité, de générosité, d'esprit d'équipe, de décision d'un futur médecin, qui devra distinguer ce qui est important de ce qui l'est moins pour le meilleur service rendu au malade.

Toutes les propositions des responsables médicaux tentant d'apporter des améliorations ont été rejetées, bloquées par la peur du changement, l'angoisse de l'injustice, la force des habitudes, la puissance des disciplines. Cependant, qui peut bien se résoudre à laisser les choses en l'état ? Analyser scrupuleusement les résultats des concours sur plusieurs années par le filtre de la démarche qualité est une voie à explorer. Cette étude devrait être réalisée dans une région, pour ne pas toujours attendre de Paris la solution pour tous. Il apparaîtrait d'abord des faits évidents : des candidats avec de réelles qualités de médecins ont été éliminés. Des candidats reçus, au contraire, n'ont pas trouvé, dans la suite de leur cursus, l'épanouissement qu'ils espéraient. Un bataillon de déçus, de moroses que plus rien de médical n'enchante. Il n'est pas sûr que la sélection en soit responsable, ni même qu'un autre type de sélection évite ce genre de chose.

Peut-être pourrions-nous définir des profils types de médecins accomplis et toujours passionnés. Peut-être pourrions-nous également tâcher de définir comment auraient pu être sélectionnées les grandes figures de la médecine – tout ceux dont je parle ici – qui ont développé la pratique, favorisé l'innovation, ceux qui ont marqué leur temps et les esprits des étudiants et des médecins qui ont travaillé à leur côté. Beaucoup de ces personnalités réussiraient les concours de la sélection actuelle, mais il est probable que certains seraient recalés. Ce sont ceux-là qui pourraient nous guider dans les améliorations nécessaires.

L'évolution de la médecine a changé la hiérarchie des disciplines à enseigner. L'establishment universitaire est conformiste et particulièrement difficile à faire évoluer, Robert Debré a dû y faire face lorsque l'esprit de ses collègues montrait des difficultés à accepter l'implantation de la biologie. Les Anglo-Saxons se révèlent souvent plus pragmatiques. Enfin, si bien d'autres professions ont des concours d'entrée, parfois aussi difficiles que celui de médecine, ce dernier est le seul à ne pas comporter d'épreuve orale. Il est pour le moins paradoxal qu'une discipline aussi liée à la parole que la médecine néglige totalement l'oral dans le choix de ses futurs représentants.

La sélection en médecine ne se discute plus. Personne n'empêche un étudiant de s'inscrire en faculté. La moitié des inscrits perçoivent en quelques semaines qu'ils ne seront pas de bons candidats, sans doute que leur motivation n'est pas suffisante pour les efforts demandés. D'autres n'ont pas les capacités pour réussir. Dans les faits, il existe trois à quatre fois plus de candidats que de places à pourvoir. À la césure entre collés et reçus, les écarts de notes sont infimes et très largement au-dessus de la moyenne. Il serait juste de mettre en place une épreuve orale. Elle aurait l'immense avantage de faire passer devant un jury l'ensemble des candidats sur une épreuve permettant d'évaluer le cerveau humaniste ou l'esprit de finesse. La forme de cette épreuve pourrait être déterminée régionalement par la commission des études de chaque faculté. L'oral en médecine a été supprimé à une époque où les qualités de l'ancien concours d'internat des hôpitaux avaient été mises en doute. Le concept de l'internat pour tous n'est pas une si éclatante réussite, pour que la suspicion, à la mode il y a une trentaine d'années, perdure.

L'heure est enfin venue de faire l'analyse des besoins réels de l'avenir, de prévoir le type de médecin nécessaire. Le numerus clausus différencié en fonction des besoins en professionnels de santé aura des bases sûres. La sélection à la fin de la première année de médecine se fera à nouveau avec un oral.

Médecins, il est temps de vous préparer à l'avenir, sans regretter le passé, et de faire des propositions correspondant aux possibilités de la médecine moderne, guérissant plus souvent, apte à un diagnostic de précision, hors de l'hôpital aux dimensions devenues inhumaines.

– 10 –

GREGOR MENDEL, LA GÉNÉTIQUE QUI PRÉDESTINE

Gregor Mendel, fils de paysans de Silésie devenu moine, est contemporain de Charles Darwin. Ils publient leurs travaux à six ans d'intervalle, Darwin en 1859 et Mendel en 1866, mais ils ne se sont jamais rencontrés. Mendel envoya bien sa publication *Recherches sur des hybrides végétaux* au grand naturaliste, mais celui-ci ne l'aurait jamais lue et semble bien ne pas y avoir porté attention : il aurait abandonné l'ouvrage sur une étagère de sa bibliothèque.

Le Britannique, nettement plus connu à l'époque, n'a donc tenu aucun compte des recherches menées par le Tchèque. Pourtant, leurs œuvres scientifiques apparaissent complémentaires et dans le prolongement l'une de l'autre. L'un a étudié les espèces, leur évolution, leurs variations à l'origine de nouvelles espèces, l'autre s'est intéressé à l'hérédité et à la transmission des caractères. Le travail expérimental de Mendel apportait confirmation de ce que les observations de Darwin lui avaient fait pressentir.

Par leurs analyses et leurs expériences, ils ont tous deux découvert des règles et des mécanismes de fonctionnement communs aux règnes végétal et animal. L'homme, dernier animal actuel de l'évolution, est tout naturellement assujetti à ces règles... Darwin et Mendel ont, l'un et l'autre, formulé des hypothèses fondamentales pour la génétique et la biologie moléculaire. À eux deux, ils ont initié une progression considérable de la science médicale dont la première bénéficiaire est la santé des hommes.

Ayant vécu à la même époque, Darwin et Mendel auraient pu se croiser, se voir, se connaître ! Comment imaginer leur rencontre ? J'aurais tant voulu écouter ces deux génies débattre, l'un ayant perdu la foi religieuse, l'autre fervent croyant, mais tous deux épris de science... Deux génies aux idées audacieuses et novatrices qui ouvraient les portes de l'avenir.

Ces deux grands scientifiques sont, en effet, les pionniers d'une révolution de notre savoir sur la biologie de l'hérédité, ouvrant un champ immense aux biologistes moléculaires. La découverte des chromosomes, des gènes, de l'ADN, est venue confirmer leur thèse de l'hérédité et de l'évolution. Ils ont assuré une suite glorieuse à ces travaux et donné à la médecine des armes et des objectifs riches d'espoirs pour la santé publique.

Les fleurs blanches et les fleurs pourpres des petits pois

Malgré les promesses ébauchées par Mendel au XIXe siècle, l'œuvre du moine silésien parut n'intéresser personne durant plus de trente-cinq ans.

Avant de devenir père abbé et de se désintéresser du potager du monastère de Brno, dans l'actuelle République tchèque, Gregor Mendel cultivait des petits pois à fleurs blanches et d'autres à fleurs pourpres. Il s'attelait à réaliser des croisements entre ces deux plants. À la première génération, il n'obtenait que des pois à fleurs pourpres. Par un deuxième croisement de ces nouveaux pois entre eux, une génération de trois plants à fleurs pourpres et un plan à fleurs blanches apparaissait. Mendel en donna l'explication : la couleur est un trait, un caractère, pourpre étant dominant et blanc récessif. À chaque croisement, le nouveau plant reçoit un facteur lié au caractère de chacun des deux parents. À la première génération, le caractère pourpre s'impose. À la deuxième génération, un quart des plants reçoit deux caractères blancs qui produisent des fleurs blanches. L'expérimentation de Mendel portait sur une multitude de semis, ce qui permettait une étude statistique.

À partir de ces observations, il énonça trois lois qui constituent les fondements de l'hérédité. La plus importante, sans doute, est celle qui affirme que les caractères sont portés par un facteur dans chaque cellule parentale, dénommée gamète. Dans l'espèce humaine, le gamète mâle est le spermatozoïde, le gamète femelle est l'ovule. Plus tard, ce facteur se révéla être en fait l'un seulement des milliers de gènes présents sur un chromosome. C'est ainsi que chaque parent est responsable pour moitié des caractères transmis lors de la fécondation.

Mendel, précurseur, ouvrit une voie nouvelle, la génétique, science biologique des caractères légués par l'hérédité. Dans un premier temps, autour de 1880, furent définis les caractères transmis par les parents à leur descendance. Puis ils trouvèrent leur support dans les gènes portés sur les chromosomes du noyau cellulaire. La biologie moléculaire enfin livra les secrets des mécanismes du fonctionnement des cellules humaines.

C'est Francis Galton, un cousin de Darwin, qui classa les différents caractères. Dans une espèce donnée, les individus ont des caractères différents relevant de deux types de variations, les variations discrètes et les variations continues. La couleur des yeux est une variation discrète, évoluant par « sauts ». Cette couleur est dominante ou récessive. La taille, en revanche, constitue une variation continue, sous l'influence de plusieurs éléments. L'élément génétique est le plus important ; tous les autres, l'hygiène, l'alimentation ou la maladie, sont secondaires.

Galton s'attacha d'abord à montrer que les variations discrètes – la couleur des fleurs de petits pois – suivaient les lois de Mendel. Puis il mit en évidence que les variations continues, dans une population, se répartissent selon une courbe en cloche, dite courbe de Gauss, du nom du mathématicien allemand qui l'a décrite. C'est ainsi qu'en étudiant une population par le prisme de la taille, par exemple, on constate que les individus se répartissent autour de la taille moyenne : ils sont, pour la plupart, proches de cette taille. Les plus petits et les plus grands, moins nombreux, se situent aux extrémités de cette courbe. Trente-cinq ans après la publication de Mendel, des mathématiciens biologistes démontrèrent que les variations continues suivaient bien les règles définies par le moine tchèque.

Faut-il souligner, une nouvelle fois, que les lois de Mendel ne recueillirent qu'indifférence, méfiance, suspicion ? Que rien ne change ! Que rien ne surprenne ! Telle pourrait bien être la loi humaine…

Si l'innovation-rupture révolutionne, elle se trouve d'abord systématiquement perçue comme une erreur, un risque, voire un danger ! Malgré tout et heureusement, le savoir trouve toujours son chemin et poursuit sa progression.

Tout avançait donc inexorablement… Entre 1870 et 1890, les histologistes étudièrent le noyau cellulaire sous microscope et découvrirent puis décrivirent un réseau mis en évidence par des colorants basiques qu'ils nommèrent chromatine. Au moment de la division cellulaire, ce réseau forme des filaments, les chromosomes. L'ADN, la molécule constituant un chromosome, a été isolé pour la première fois dans les noyaux de globules blancs par un chimiste suisse, Friedrich Miescher, en 1869.

Les lois de Mendel furent remises à l'honneur au XXe siècle par trois biologistes végétaux : Hugo de

Vries, d'origine hollandaise, l'Allemand Karl Correns et l'Autrichien Erich Tschermak von Seysenegg. Le botaniste hollandais parla le premier de mutation, source d'une nouvelle espèce. Très rapidement, l'hérédité devint un sujet d'intérêt pour les biologistes animaux, particulièrement ceux qui se livraient à des expériences.

Dans un premier temps, les biologistes situèrent le matériau responsable de l'hérédité dans la cellule. Ils le localisèrent ensuite plus précisément dans le noyau. On comprit plus tard le rôle des chromosomes… Lors de la fécondation, un chromosome se divise longitudinalement en deux brins dans le noyau de chacun des parents. Chaque brin fusionne avec l'homologue de l'autre parent pour former le chromosome de l'enfant. Le chaînon manquant sera, pour achever le tableau, découvert au États-Unis…

Thomas Hunt Morgan était un zoologiste né dans le Kentucky en 1866. Avec deux de ses étudiants, il travaillait sur la drosophile, la mouche du vinaigre. Ils découvrirent une drosophile mutante aux yeux blancs ! En 1911, le maître démontra que cette mutation provenait d'une unité – ou gène – portée par le chromosome X, le chromosome sexuel féminin. Il reçut le prix Nobel de médecine 1933.

Le gène est le support biologique du caractère à transmettre, du fameux facteur mendélien. C'est à ce niveau précisément que se produit la modification, source de mutation.

Il sera démontré ensuite qu'une mutation est produite par la modification d'un seul nucléotide de l'ADN. Alfred Henry Sturtevant, un des deux élèves de Hunt

Morgan, tenta d'établir la première carte de gènes susceptible de relier chaque gène à un trait. L'autre disciple, Herman Joseph Muller, prouva que les gènes pouvaient être modifiés sous l'action de rayons X. Il constata, en effet, que ces rayons provoquaient des mutations de traits chez la mouche drosophile. Le prix Nobel de médecine lui fut décerné en 1946.

Les travaux actuels sur les mutations découlent des altérations génétiques causées par des agents chimiques. Les découvertes fondamentales concernant la génétique n'ont, depuis lors, cessé d'accroître nos connaissances. La biochimie et la biologie moléculaire rendent compte des mécanismes normaux et pathologiques et ouvrent l'espace thérapeutique.

L'altruisme des fourmis et des abeilles

En 1942, le biologiste allemand Ernst Mayr expliqua en termes biomoléculaires la naissance de nouvelles espèces. Une population séparée géographiquement de la population mère et vivant dans une région différente de la région d'origine donne naissance à une nouvelle espèce. Avec le nouveau territoire, des mutations aléatoires surviennent dans les gènes, les plus adaptées aux exigences seront sélectionnées. Le hasard et la nécessité sont bien, comme l'avait pressenti Darwin, à l'origine des nouvelles espèces.

Le néodarwinisme prolongeait les découvertes du savant anglais. La biologie allait expliquer des faits curieux de la sélection naturelle… Chez les fourmis et les abeilles, par exemple, insectes dits « sociaux », on observe des comportements altruistes. Les fourmis ouvrières, stériles, s'occupent des larves produites par la reine, préservant ainsi les gènes de la fourmilière. Les abeilles ouvrières, elles, se sacrifient pour la défense de la ruche : une abeille qui pique meurt puisque le dard et la partie postérieure du corps restent dans la victime. De tels comportements paraissent peu compatibles avec le principe admis de la sélection naturelle : le plus apte devient le plus fécond ! Le biologiste britannique William Donald Hamilton a résolu cette énigme en 1964. Il expliquait alors que les fourmis ont une hérédité spécifique : l'insecte a plus de gènes en commun avec sa sœur qu'avec sa progéniture.

Ce concept d'évolution altruiste a initié une recherche contemporaine sur le comportement social des animaux, et donc de l'homme. Le déterminisme biologique s'est alors heurté à la notion de choix et de libre arbitre que l'espèce humaine a acquis. Cette problématique des relations entre la biologie et le libre arbitre n'est pas un sujet réservé à la science, il intéresse aussi les philosophes et les Églises.

La spirale de l'ADN

Francis Crick et James Watson, un Anglais et un Américain, dessinent la structure de la molécule d'ADN en 1953, et se partagent le prix Nobel de médecine en 1962. Avant eux, en 1951 en Grande-Bretagne – ils l'ont peut-être sciemment oubliée… –, une femme, Rosalind

Franklin, avait vu que la molécule d'ADN possédait une structure spiralée grâce à la cristallographie aux rayons X.

Élément constitutif du chromosome, cette molécule est un assemblage de quatre nucléotides liés deux à deux, adénine et thymine, cytosine et guanine, se répétant un grand nombre de fois. Elle est formée de deux branches qui s'enroulent l'une autour de l'autre, réunies par des ponts entre nucléotides, formant ainsi une double hélice. Trois Français pastoriens, François Jacob, André Lwoff et Jacques Monod, recevront le prix Nobel de médecine 1965 pour avoir développé la connaissance des mécanismes moléculaires qui conduisent les gènes portés par l'ADN à produire les protéines constitutives de tous les tissus cellulaires de l'organisme. L'ARN messager est découvert, son rôle défini. L'acide ribonucléique, ou ARN, est une copie d'un morceau de la molécule d'ADN, il se détache du chromosome et devient un messager en passant du noyau cellulaire au cytoplasme, la cellule elle-même. Il est porteur de l'ordre biochimique, entraînant la production d'une protéine dont l'ARN devient une partie. Les quatre nucléotides du gène chromosomique ont par leur agencement la fonction de coder la naissance des vingt acides aminés constitutifs de toutes les protéines de l'organisme, enzymes comprises.

C'est un autre français, Jean Dausset, prix Nobel de physiologie 1980, qui démontra par la découverte du système HLA[1] que chaque homme est unique et se défend contre une greffe étrangère. En effet, toute cellule de l'organisme possède la totalité du matériel génétique dans chacun de ses vingt-quatre chromosomes dont deux sont sexuels, X et Y. La cellule n'utilise que la partie nécessaire à sa fonction propre. Le développement et la croissance d'un individu nécessitent des gènes programmateurs. Ceux-ci organisent la mise en jeu successive des cellules qui construisent les différentes parties du corps et leur fonctionnement.

On découvrit ces gènes programmateurs, dits « homéotiques », dans les années 1990. Ils sont semblables chez tous les animaux : oursins, grenouilles, souris ou homme… Est-ce impressionnant ? Sûrement ! Ces gènes continuent d'affirmer et de confirmer la continuité dans le monde du vivant. L'existence d'un ancêtre commun à tous les animaux est désormais certaine. Que reste-t-il dans notre corps et dans nos comportements de cet ancêtre originel ? Avions-nous besoin de nous mettre à parler ? Avions-nous la nécessité de la conscience de notre condition de mortels ? On l'a vu, l'homme a eu un ancêtre poisson. On le sait aujourd'hui, le patrimoine génétique du poisson ancêtre et celui du poisson actuel sont quasiment identiques. Cela peut se comprendre, mais affirmer que le matériau génique ancestral et celui de l'homme actuel sont aussi peu différents s'admet plus difficilement. C'est pourtant le cas : les molécules génétiques ont

1. HLA : *Human Leucocyt Antigen*, antigène des globules blancs humains.

peu évolué alors que les traits des espèces se sont, eux, considérablement modifiés. Comment comprendre cette contradiction apparente ? Une seule explication est possible : l'évolution des molécules génétiques n'est pas, elle, régie par la nécessité de s'adapter au milieu environnant. Elle procède au gré du hasard, c'est selon cette loi qu'un gène se modifie. La modification se trouve alors adaptée, ou non, au milieu environnant, puis est conservée selon la mutation permise, utile ou néfaste.

Les génomes du chimpanzé et de l'homme présentent un et demi pour cent de différence. Cette très faible dissemblance du matériel génétique doit pourtant expliquer les considérables divergences phénotypiques entre les deux espèces. Le cerveau est quatre à cinq fois plus gros chez l'homme. L'homme a d'ailleurs un cerveau monstrueux par rapport aux autres espèces, et ce dernier interagit sans cesse avec l'environnement. La fabrication des outils puis des machines, le développement du langage ont permis l'explosion de la pensée, la sophistication de la vie en société, le développement de l'art et de la culture. Un et demi pour cent de différence est pourtant un chiffre prodigieux, car cette différence est survenue en peu de temps. Comment ce faible pourcentage peut-il tout expliquer ? La science actuelle est encore incapable de se prononcer. Le pourra-t-elle un jour ?

La physique et la chimie ont également prolongé les découvertes de Darwin et de Mendel…

Les enzymes capables de découper la molécule d'ADN étant mises au jour, la recombinaison génétique devient possible. Avec elle, la voie du génie génétique est ouverte. Biologistes et industriels vont l'utiliser pour créer des traitements personnalisés.

La pratique de la médecine a profité des connaissances génétiques débutantes dès le début du XXe siècle. Les enzymes nécessaires aux métabolismes sont, comme toutes les protéines de l'organisme, programmées par les gènes, elles sont codées, selon le terme retenu. Les mutations qui surviennent sur ces gènes codant pour chaque enzyme ont permis d'expliquer les maladies enzymatiques comme celle du déficit en lactase, dont on peut d'ailleurs penser que Charles Darwin a souffert toute sa vie.

Les voies de la médecine de demain

La drépanocytose, décrite dès 1910, fréquente dans les pays soumis au paludisme, est une maladie génétique. C'est une atteinte grave de la molécule d'hémoglobine, aussi connue sous le nom d'« anémie à hématies falciformes ». C'est le chimiste américain Linus Pauling qui découvrit en 1939 l'anomalie du pigment sanguin qui véhicule l'oxygène dans le sang. Un acide aminé est modifié dans la structure de la molécule et cette modification se situe sous la dépendance d'une mutation génique du chromosome 11. Les globules rouges normaux ont une forme biconvexe, mais dans la drépanocytose ils ressemblent à une faucille, comme on peut le constater par cristallographie aux rayons X. Ces globules déviants ont des difficultés à circuler dans les vaisseaux, provoquant des occlusions particulièrement douloureuses dans les membres, les muscles et les os. Le transport et la libération d'oxygène en sont altérés et la durée de vie de ces globules rouges déviants est raccourcie. Le malade est anémique et risque des accidents vasculaires cérébraux.

Chaque gène existe en double chez tous les individus, dans chaque noyau, sur chaque chromosome de toutes les cellules de l'organisme. Un sur chaque brin chromosomique parental. Ceux qui souffrent de la drépanocytose ont un gène muté anormal sur chacun des deux brins chromosomiques. En revanche, si un seul brin est porteur, la maladie ne se développe pas, mais elle peut se transmettre.

La clinique est expliquée par les chimistes et les physiciens : la drépanocytose est une maladie monogénique, c'est-à-dire en rapport avec l'altération d'un seul gène. Les maladies polygéniques, où l'altération de plusieurs gènes intervient, sont plus nombreuses et les solutions thérapeutiques plus difficiles à trouver.

Ainsi, les gènes dirigent les mécanismes du fonctionnement moléculaire et cellulaire du vivant et conditionnent l'hérédité. La médecine transforme ses possibilités diagnostiques et bientôt ses résultats thérapeutiques.

Avec ces nouvelles données, ces découvertes bouleversantes, la médecine devient peu à peu capable de prédire l'avenir de la santé de chacun d'entre nous.

Avec la connaissance des particularités de notre génome personnel, elle pourra nous dire les maladies qui nous guettent spécifiquement et les mécanismes biologiques altérés qui en sont responsables. Encore faudra-t-il que nous ayons les traitements qui nous permettront de les guérir, voire que nous puissions éviter, par une prévention efficace, la maladie prédite…

Quelles modifications de nos comportements sommes-nous susceptibles de nous imposer pour éviter les maladies que notre génétique nous promet à court, moyen ou long terme ? Sommes-nous capables de modifier nos comportements face aux risques que nous encourons ? Voilà les questions centrales que nous posera la médecine de demain.

Autre champ de bataille : la lutte contre le cancer. Ce combat reste capital dans la recherche médicale et dépendra de plus en plus des innovations-ruptures rendues possibles par la génétique et les travaux sur le génome. Les cellules cancéreuses apparaissent en effet à la suite de mutations géniques, un seul gène présentant une mutation étant rarement suffisant. Bientôt, l'analyse informatique appliquée aux populations atteintes d'un cancer d'un même organe, sein, côlon, poumon notamment, pourra déterminer, parmi les vingt mille gènes contenus dans chaque chromosome, les séquences communes de mutations géniques à l'origine du mal, sa gravité, l'existence de récidives potentielles, et probablement le choix de traitements biologiques efficaces et à risques limités.

Peut-on pour autant soutenir que seuls les gènes déterminent l'adaptation ? Peut-on expliquer la construction du « moi » de chacun par la biologie et la génétique ? Les événements vécus ont aussi leur rôle. Et d'où vient « l'élan vital » défini par le philosophe Henri Bergson ? De quelle puissance, de quelle volonté notre libre arbitre est-il le fruit ? N'avons-nous pas deux cerveaux spécifiques, l'un scientifique, l'autre humaniste ? Ces deux cerveaux caractérisent l'adaptation au monde environnant, ils constituent nos propres acquis, laissant une trace biologique qui n'est pas cause mais conséquence. Sommes-nous totalement déterminés par notre patrimoine génétique ? N'avons-nous pas la liberté d'apprendre et de décider ?

– 11 –

CLAUDE BERNARD,
LE MÉCANISME DES FONCTIONS

Depuis toujours, l'expérience personnelle des soignants a été riche de conseils. Chacun finissait par se faire une idée, fausse la plupart du temps, sur le fonctionnement du corps et de l'esprit. L'observation était la méthode la plus probante. Bientôt, les instruments d'optique allaient venir renforcer le pouvoir des yeux. Les lentilles simples avant le XVIIIe siècle, puis le microscope ont donné à la physique la primauté des acquis. Avant eux, ce que l'on ne voyait pas n'existait pas ou donnait lieu à une interprétation parfois juste, parfois fausse ! Les règles établies par Galien au IIe siècle de notre ère sont ainsi devenues des dogmes que personne pendant des siècles ne fut en droit de discuter. Ratiociner en latin de cuisine était courant chez les médecins, même chez ceux qui avaient acquis une réelle expérience. Le défaut n'a sans doute pas totalement disparu avec la mort de la langue des Romains !

L'approche médicale et l'examen d'un malade se sont affinés au fil du temps, pour être codifiés au cours du XIXe siècle. L'examen clinique recueillait un ensemble de données qui constituaient la première étape de l'observation, terme consacré par l'usage. Les connaissances anatomiques constituèrent le cœur de cette pratique, elles furent les premières découvertes de la science médicale et on les dut aux autopsies longtemps interdites.

Aujourd'hui encore, repérer le ou les organes en souffrance est la première conclusion diagnostique de toute observation d'un malade par un médecin. La deuxième conclusion, obtenue grâce aux connaissances physiologiques, concerne le ou les mécanismes responsables des perturbations conduisant le malade à consulter. Pour la troisième, il s'agit d'identifier la cause déclenchante afin de proposer le traitement.

Le caleçon de la grenouille

La mesure et la méthode expérimentale apparaissent et se développent à partir du XVIe siècle pour connaître et comprendre le fonctionnement de la mécanique du corps humain normal ou pathologique. La balance, les thermomètres de Fahrenheit et de Réaumur vers 1720 et le baromètre ont été les premiers instruments de mesure des expérimentateurs de la physiologie humaine. Ces outils, appelés désormais « dispositifs », sont les honnêtes ancêtres de la fantastique machinerie de notre temps. On leur doit des avancées qui semblent aujourd'hui dérisoires. Toute connaissance commence par des balbutiements.

L'Italien Santorio Santorio découvre vers la fin du XVIe siècle à Padoue que les excréments et la sueur réunis pèsent moins que les aliments ingérés : c'est ainsi qu'il démontre que la respiration est aussi un mécanisme éliminateur. On mettra plus tard en évidence que le gaz carbonique est le gaz expiré.

En 1752, René de Réaumur met en place un protocole surprenant et inventif : il fait avaler à une buse de petits tubes, maintenus par un fil et ouverts aux deux bouts, contenant de la viande. Au bout de quelques heures, il récupère l'appareillage et constate que la viande a été dissoute sans avoir été broyée. Il en conclut que dans l'estomac il y a un dissolvant.

À la même période, l'abbé italien Lazzaro Spallanzini recueille la semence d'une grenouille mâle affublée d'une sorte de caleçon lors de l'accouplement. Il prélève ensuite des œufs vierges dans le ventre de la femelle qu'il arrose de la semence mâle : des têtards naissent. La fécondation artificielle est inventée… chez l'animal !

Au début du XVIIIe siècle, le chimiste anglais John Dalton donne à l'atome le rôle de composant basique des éléments.

« Cherchez la vérité dans l'enchaînement naturel des expériences et des observations »… « Simplifiez au maximum le raisonnement. Mettez-le continuellement à l'épreuve de l'expérience », nous a dit Antoine Lavoisier. Il parvient ainsi à établir la composition de l'air et à isoler l'oxygène. Il explique la respiration humaine : l'oxygène est inspiré avec l'air, et à l'expiration, le gaz carbonique est rejeté. Il montre que l'oxygène est nécessaire à la vie tandis que le gaz carbonique tue lorsque sa concentration dans l'air est trop élevée.

Nous sommes alors en 1789 et l'air, un des quatre éléments hérités des philosophes grecs à côté de la terre, l'eau et le feu, livre enfin sa composition chimique. Une classification rationnelle à base chimique des espèces peut maintenant apparaître.

Le génial Lavoisier, qui venait d'apporter l'explication d'un mécanisme fondamental du fonctionnement du corps humain, eut la tête tranchée le 8 mai 1794, quelques heures avant que celle de Robespierre roule dans le sinistre panier. Lavoisier rejoignait Michel Servet, brûlé vif pour hérésie et subversion à Genève en 1553 à cause de la publication d'un ouvrage de théologie. Il y affirmait avec raison que le sang veineux vient se « pneumatiser » dans le poumon par la petite circulation, ce qui faisait de lui un calomniateur capable de contredire le grand Galien… Le gaz carbonique n'est pas le seul à tuer !

Lavoisier est un homme de rupture. En précurseur, il introduit la chimie dans l'explication des mécanismes médicaux : « Rien ne se perd, rien ne se crée, tout se transforme. » Il ouvre la voie à François Magendie, Bordelais qui fait ses études de médecine à Paris sous le premier Empire, au moment où se développe le savoir anatomoclinique. Reçu interne à son premier concours en 1803 à Paris, Magendie sera médecin à l'Hôtel-Dieu et à la Salpêtrière. Très vite, il se consacre principalement à ses expériences, ses observations, ses hypothèses. Il devient physiologiste, pharmacologue, médecin hospitalier et finira professeur au Collège de France.

Homme de conviction, Magendie parviendra à convaincre ses auditeurs, Claude Bernard le premier, de l'importance des études chimiques et microscopiques dans la compréhension des maladies, des mécanismes qui les régissent et des causes qui les provoquent. Sa recherche consiste à prouver que les phénomènes vitaux s'expliquent par les lois de la physique et de la chimie, il combat ainsi le « vitalisme » de Xavier Bichat qui prétend, lui, que dans la vie d'autres forces, d'autres élans existent et se dérobent à ces deux disciplines. « Quand j'expérimente, je n'ai que des yeux et des oreilles », rétorquera Magendie. Dans ses expériences, il étudie le mode d'action de la strychnine et de l'émétine, mais aussi le rôle des canaux semicirculaires dans l'équilibre. Il fait connaître le rôle des nerfs qui peuvent véhiculer des ordres moteurs ou des influx sensitifs.

Il s'acharne, non sans raison, à combattre les traitements prescrits par les médecins sans lien avec les causes des maladies. Il faut dire que, vers 1830, on crée par exemple des chaires de mesmérisme en Allemagne. Franz-Anton Mesmer est mort depuis quinze ans, mais ses théories font florès : santé et maladie s'expliquent par une sorte de fluide magique. En même temps, l'homéopathie prolifère et une médecine dite « romantique », pleine de spéculations cosmologiques et idéologiques sur la bienfaisance de la nature, se pratique dans l'Europe entière. Le savoir progresse pourtant, mais n'est pas encore suffisant pour guérir les maladies graves.

Si les médecins allemands sont en retard sur les français dans l'approche clinique et anatomique, ils ont en revanche investi les sciences histologiques et anatomopathologiques, longtemps appelées « sciences fondamentales ». Ils vont élaborer la théorie cellulaire. Au XIXe siècle, Theodor Schwann démontre que tous les tissus sont composés de cellules, et Rudolf Virchow explique que toutes les cellules naissent à partir d'une cellule originelle qui se divise. Alors que Morgagni avait jadis situé les maladies dans les organes et Bichat dans les tissus, Virchow, lui, les localise dans l'altération des cellules. La pensée biologique moderne est née avec la théorie cellulaire, elle-même prolongée par l'explication des mécanismes moléculaires.

Virchow démontre de cette manière le processus cancéreux : les tumeurs cancéreuses sont des cellules anormales qui se divisent de manière effrénée. La biologie moléculaire actuelle valide cette théorie. Le mécanisme génétique dysfonctionne puisqu'il est censé contrôler la division d'une cellule anormale. Alors se créent des clones proliférant sans cesse in situ et à distance.

Le protocole de Claude Bernard

Le médecin et physiologiste français Claude Bernard, né en 1813, a eu un rôle fondamental dans la découverte des mécanismes physiologiques. Il a apporté un nombre considérable de connaissances et permis de construire le raisonnement que tout médecin utilise pour arriver au bon diagnostic, et finalement au bon traitement.

Fils d'un viticulteur du Beaujolais, il se laisse convaincre, par un de ses camarades de Lyon, de faire des stages dans une pharmacie. Il est étonné et déçu par l'efficacité médiocre des médicaments qu'il voit préparer. Il quitte la capitale des Gaules et, après avoir repassé son baccalauréat qu'il avait raté une première fois, s'inscrit en faculté de médecine à Paris. Il devient externe puis interne des hôpitaux, mais décide bien vite de délaisser la médecine hospitalière qui ne permet pas de comprendre les mécanismes à l'origine de la maladie. Les méthodes d'observation que sont la clinique et l'autopsie, même prolongées par l'observation au microscope, sont trop passives à son goût. Subjugué par les cours de Magendie au Collège de France, il choisit l'étude en laboratoire, l'expérimentation et la vivisection animale. Il deviendra l'assistant du brillant professeur, considéré en Europe comme le fondateur de la biomédecine.

Il épouse ensuite la fille d'un médecin fortuné. Mariage malheureux, mais qui lui permet de se consacrer à ses expériences. Plus tard, il perdra l'une de ses filles à l'âge de dix ans, et encore un autre enfant. Sa femme ne le soutiendra jamais dans ses travaux scientifiques. Présidente de la ligue de défense des droits des animaux, elle préfère défiler régulièrement sous ses fenêtres à la tête de ses troupes. Grand scientifique, fondateur du raisonnement médical moderne, Claude Bernard sera membre de l'Académie française et aura droit à des funérailles nationales en 1878.

Entre-temps, il aura mis en place, en parallèle à l'anatomie, une observation provoquée, rendue possible par la méthode expérimentale, et donné une place grandissante au laboratoire. Le principe de la réflexion de Claude Bernard était de passer d'une pathologie de forme à une pathologie de fonction.

« L'observateur ne raisonne pas mais constate. L'expérimentateur raisonne et se fonde sur les faits acquis pour en imaginer et en expliquer rationnellement d'autres », affirmait Claude Bernard.

Il construit alors un protocole pour tester une idée de fonctionnement d'un organe ou d'un système, et un autre pour la vérifier. Il met en place des protocoles de contre-expérience ou contre-épreuve. Si un événement observable et mesurable survient dans certaines conditions, il doit logiquement disparaître lorsque ces conditions disparaissent. Il est ainsi possible de faire la différence entre des événements simultanés et des événements corrélés.

De 1840 à 1850, Claude Bernard réalise un grand nombre d'expérimentations qui lui permettent de faire paraître, en 1865, *Introduction à l'étude de la médecine expérimentale*. L'ouvrage devient, cent ans durant, la référence en physiologie et en physiopathologie. Il traite du fonctionnement normal et anormal d'un organe ou d'un système. Le savoir médical trouve alors une nouvelle voie de recherche du progrès, celle de l'expérience scientifique physique ou chimique pratiquée chez l'animal vivant. Le praticien ne peut désormais raisonner qu'à partir d'un savoir démontré, élaboré, prouvé. Point de salut pour le charlatan !

L'innovation est majeure et va transformer le raisonnement des médecins : une véritable rupture ! Jusqu'ici diagnostic et traitement se limitaient à une approche empirique tenant compte des symptômes ressentis par le malade et des signes découverts par l'examen médical corrélés aux lésions autopsiées qui, depuis 1800, constituent le savoir. Avec Magendie et plus encore avec Claude Bernard, les mécanismes normaux ou anormaux des organes et des systèmes, en approfondissant le savoir, nourrissent le raisonnement médical.

Il faudra l'arrivée de la biochimie et la découverte des mécanismes génétiques pour que la recherche et la prescription des médicaments connaissent une nouvelle rupture. L'empirisme, le hasard et la systématique de la chimie laisseront place au protocole axé sur les modes d'action de niveau moléculaire. Ainsi le raisonnement médical guidé par le savoir pharmacologique deviendra scientifique et constituera une des bases d'une pratique devenue efficace.

Claude Bernard démontre le rôle vital de la synthèse du glucose par le foie en travaillant sur le rôle des sécrétions pancréatiques. La glycémie reste à un taux stable tout au long du jour. La variable d'ajustement se trouve dans le foie sous la forme de glycogène, une sorte de glucose stocké, libéré en fonction de la demande pour maintenir la stabilité du taux de glucose dans le sang. Le diabète apparaît lorsque la régulation de la stabilité glycémique s'altère.

Jusqu'aux travaux de Claude Bernard, personne n'avait démontré que l'organisme était capable de synthétiser du glucose. On avait seulement conscience de la dissolution des graisses, des sucres et des protéines dans le tube digestif. La découverte de la glycogenèse fut établie par le dosage du glucose à l'aide d'une méthode chimique, prouvant que physiologie et chimie pouvaient être alliées. Pour Claude Bernard, les fonctions physiologiques de l'homme répondaient à des lois physiques et chimiques identiques à celles qui régissent le reste de la nature. Il pensait que les maladies altèrent une fonction d'un individu en l'inhibant ou en la décuplant.

Le physiologiste montre encore que les vaisseaux et le flux sanguin sont contrôlés par des nerfs, c'est-à-dire le système neurovégétatif, et que l'oxygène est transporté dans le sang par les globules rouges. Enfin, Claude Bernard développe la notion de milieu intérieur : le corps maintient une stabilité intérieure au profit des cellules. Quel que soit l'environnement, la physiologie normale du corps régule la température, la quantité d'eau, la glycémie, la saturation en oxygène. Cette notion, approfondie par le physiologiste Walter Bradford Cannon et ses recherches sur les chocs subis par les soldats de la Grande Guerre, a mis en évidence le phénomène de l'homéostasie. Le maintien des constantes hydroélectrolytiques pour compenser les pertes de fluide et maintenir la pression sanguine est un principe de base de la médecine d'urgence.

La méthode anatomoclinique a inventorié les lésions et les manifestations cliniques des maladies. La méthode expérimentale et la chimie, chères à Claude Bernard, en ont fait comprendre les mécanismes. Ces méthodes conjuguées ont permis aussi des avancées thérapeutiques majeures. Jusque-là, la vaccination antivariolique était la seule arme efficace. Elle était préventive. Après avoir expliqué les mécanismes des métabolismes, la chimie va se consacrer à la fabrication des médicaments.

Claude Bernard doit donc être considéré comme un chef de file de pharmacologie : ses travaux vont largement ouvrir la voie aux traitements. Par ailleurs, ses découvertes sur le métabolisme du glucose ont conduit les chercheurs à s'intéresser au pancréas, au diabète et à mettre en évidence la fonction de l'insuline. L'endocrinologie pouvait naître.

Avec le diabète, l'apparition de l'industrie pharmaceutique

Le diabète est déjà identifié, ou au moins repéré, au IIe siècle avant Jésus-Christ : on observe alors que, bizarrement, les fourmis sont attirées par les urines de certains individus. Il faudra pourtant attendre 1775 pour que la présence de sucre dans les urines du diabétique soit établie et qu'un lien soit fait avec l'attrait des fourmis pour ces urines ! En 1869, l'Allemand Paul Langherans associe le diabète à un dysfonctionnement du pancréas. Il existe dans le pancréas une substance qui régule le taux de sucre, elle est sécrétée par ses cellules, appelées îlots de Langherans. L'ablation du pancréas chez un chien entraîne la mort de l'animal en quelques semaines.

La suite glorieuse se fera à l'université de Toronto. En 1921, un chirurgien canadien, Frederick Banting, a l'idée de ligaturer le canal pancréatique d'un animal. Il partage son projet avec le physiologiste britannique d'origine écossaise John James Rickard Macleod et entre dans le laboratoire de ce dernier pour commencer ses expérimentations. Avec l'aide d'un assistant, Charles Best, il isole des îlots de Langherans intacts et broie ces cellules endocrines dans de l'eau distillée. La solution injectée à des animaux diabétiques fait baisser la glycémie de quarante pour cent en une heure, mais elle est responsable d'un choc insulinique, c'est-à-dire un coma brutal causé par un afflux exagéré d'insuline. La solution demande à être purifiée, nouvelle étape accomplie par un autre des assistants de Banting, James Collip. C'est ainsi qu'est découverte l'insuline. En janvier 1922 le premier malade diabétique sauvé par l'insuline purifiée est un enfant de quatorze ans : Leonard Thompson. Il survivra treize ans et mourra d'une pneumonie quelques années avant la découverte de la pénicilline.

En 1923, Banting et Macleod reçoivent le prix Nobel de médecine. Best et Collip sont oubliés… mais à la demande des nominés, l'argent du prix sera partagé en quatre !

La production industrielle de l'insuline commence à grande échelle dès cette année 1923. La production par génie génétique n'apparaîtra qu'en 1980. Depuis un siècle, l'empirisme artisanal cède le pas à la puissance industrielle.

La science s'installe, le commerce aussi

Produit phare du consumérisme, le médicament tient en son pouvoir le destin du patient par son efficacité. La science médicale veut le médicament rigoureux, le commerce le désire séduisant. Il évolue à la jonction de deux mondes, sur deux marchés. Il améliore la santé qui n'a pas de prix et fait tinter les pièces d'or !

La guerre fait rage. D'un côté, ceux qui veulent chasser les marchands du temple, les religieux de la régulation, de la protection et du risque zéro. De l'autre, les séculiers qui croient en la prospérité repoussant la maladie jusqu'à la faire disparaître. Cette guerre de religion n'a que trop duré ! L'enjeu est l'ordonnance du prescripteur. La pensée médicale doit étendre son manteau pacificateur. Il faut négocier…

Le médicament est un outil, rien de plus,
il a des inconvénients qu'il faut connaître avant usage.
Il a surtout des bénéfices (au sens de bienfaits)
qu'il faut savoir mesurer. Mais il accède également au marché
de la concurrence comme tout autre bien ici-bas.

Le médicament est défini par la maladie qu'il traite. Cette définition évolue car ce n'est pas la guérison de la maladie qui importe mais celle du malade. Le médicament va devoir se personnaliser car dans bien des affections, chaque individu couvre sa maladie d'un masque qui lui est propre. Jusqu'à ce jour, le médicament a considéré, en vrai démocrate, tous les malades comme identiques, tous égaux, interchangeables. Il va devoir s'adapter et changer. C'est son intérêt, celui de l'industrie aussi, pour son salut et le bien du malade.

« Le silence des organes », cette fameuse définition de la santé, s'adapte aussi au médicament, qui va provoquer ce silence. Il peut entrer en scène quand un malaise ressenti est authentifié par le médecin. Malade, maladie, médicament et soignants sont indissolublement liés dans un climat d'empathie continue, qui est une part non négligeable du résultat. Cependant, la guérison peut survenir sans intervention médicamenteuse. Dans bien des cas, les soignants ne devraient rien avoir à prescrire : ils sont le meilleur placebo. Ils n'ont pas à se défausser de ce rôle sur les médecines douces aux vertus d'un passé obscurantiste. Le bon chirurgien sait quand il ne faut pas intervenir, le bon médecin sait aussi se passer de médicaments ou n'en faire qu'un usage sobre.

En France, le médicament devient don gratuit puisqu'on le rembourse. L'éthique s'en trouve débordée, le consumérisme devient une grave maladie. Le prescripteur est cajolé par le client, il lui est difficile de résister. La santé est devenue un droit… L'ordonnance médicale s'allonge.

Ressource rare de la recherche de la guérison du malade, le médicament est donc, chez nous, remboursable, lorsqu'il a démontré son utilité, son efficacité, un rapport bénéfice-risque favorable. Remboursable n'est sans doute plus le terme adéquat, car désormais le malade n'a même plus à l'acheter directement. « Remboursable » est devenu un label de prise en charge, une variable du médicament-viatique donné à tous ceux qui en ont un besoin indispensable. Ne faut-il pas réserver le remboursement à la gravité en premier, à la fréquence en second, et l'interdire à la pilule du bonheur ou du bien-être ?

Comprendre les mécanismes d'action du médicament et en surveiller le bon usage est le rôle du pharmacologue. Le bénéfice et le risque d'un médicament se mesurent, ils sont à comparer à ceux des produits concurrents déjà connus et évalués. Une fois le degré d'amélioration du service médical mesuré, les indications recommandées, les contre-indications exclues, le jugement du spécialiste peut être rendu. Les malades traités sont, au final, des évaluateurs qui nourrissent les dossiers de la pharmacovigilance chargée, au nom de la sécurité sanitaire, d'assurer le bon usage et d'éliminer le mésusage. Le médicament dépassé devrait être conduit progressivement au déremboursement par un double effet : l'abaissement programmé du taux de remboursement et la diminution de la prescription grâce à la formation permanente.

Où sont les experts ?

Évaluer un médicament demande de la compétence. C'est l'affaire des experts. Des experts en évaluation des médicaments, soupçonnés parfois d'être manipulés par l'industrie. Pour cette raison, la confiance dans ces experts s'amenuise dans tous les pays. Quelques malhonnêtetés et quelques erreurs aux conséquences dramatiques jettent le discrédit sur tous. Cette suspicion engendre le durcissement de la réglementation. En France, le chemin de l'innovation est particulièrement tortueux et la paralysie finit par s'installer. L'industrie du médicament, pourtant essentielle, est accusée de mille maux dans sa globalité. Or sans elle le médicament disparaît. Certes, elle consacre une grande place au commerce. Est-ce un crime si elle prend les bonnes orientations en recherche et trouve des solutions qui nous guérissent de maladies jusqu'ici incurables ?

De nouvelles propositions sont à faire pour retrouver cette confiance. L'expertise en médicament est à réserver aux médecins et aux pharmaciens les plus savants en biologie, et aux cliniciens expérimentés à l'éthique éprouvée, soucieux des améliorations thérapeutiques. Ils doivent être membres des commissions d'évaluation d'une unique agence de professionnels de santé. Plusieurs agences diluent les responsabilités, multiplient les intervenants et se bureaucratisent. La valeur ajoutée de l'expert est liée à ses travaux, à son expérience acquise dans le secteur public ou dans le secteur industriel. Il n'y a pas de grand pays en recherche sans rencontres entre universitaires et membres de laboratoires industriels, sans travaux en commun, sans découvertes utiles à l'humanité. Faut-il citer Pasteur et ses liens avec les industriels de la soie ou les brasseurs de bière et ses découvertes qui en ont fait une gloire nationale ? La morale et l'éthique d'un savant sont très souvent admirables. Soupçonner un savant plutôt que de l'admirer est-il devenu la norme par le biais d'un principe de précaution installé dans la Constitution comme un dogme ? Est-il si difficile de choisir un expert honnête ?

Les progrès de la médecine font régulièrement évoluer les pratiques. Un dysfonctionnement biologique de la santé précède parfois – pour ne pas dire souvent – l'altération ressentie par le bien portant et, par conséquent, l'intervention du médecin. L'exemple le plus parlant en est le diagnostic de l'hypertension artérielle. La prise systématique de la pression sanguine lors de toute consultation conduit parfois à la découverte de chiffres élevés. Le traitement doit garantir la normalisation des chiffres. L'hypertension réfractaire est rare, aux alentours de dix pour cent des observations. Avec les médicaments actuels, l'apparition de complications est retardée voire supprimée. La prévention trouve ainsi une place logique et rationnelle, elle nécessite de former la population.

Toutes les civilisations passent par la même évolution, du surnaturel au rationnel scientifique. Il n'est pas déraisonnable de penser que dans les parties les plus archaïques de notre cerveau limbique, l'imaginaire ancien soit toujours prêt à se manifester.

La chimie de la fin du XIXe siècle ouvrait l'ère industrielle en fabriquant l'aspirine. Des progrès foudroyants mis à la portée de tous allaient survenir. D'abord européenne, cette industrie pharmaceutique a eu tendance, depuis la fin de la Seconde Guerre mondiale, à traverser l'Atlantique. Elle a connu une période florissante : les molécules qu'elle produisait en grand nombre traitaient avec succès des maladies graves et fréquentes.

Cette ère est maintenant dépassée. Vaincre toutes les maladies est un espoir sans cesse renouvelé et toujours déçu. La réalité conduit à être moins optimiste et plus méfiant.

Le médicament utile à tous n'est peut-être pas la voie scientifique de l'avenir, mais c'est celle du commerce. Le médicament spécifique à chacun, lui, représente peut-être une nouvelle voie scientifique.

Mais à quel coût ? Avec quelle rentabilité ? La thérapeutique cancérologique ne prend-elle pas ce chemin ? Le décryptage du génome humain est la voie de la personnification biologique. L'espoir réside dans la désignation d'un médicament adapté à chacun, tout particulièrement en cancérologie, pour éviter les récidives. C'est une voie prometteuse, celle du moment en tout cas. Va-t-elle régler tous les problèmes liés à la génétique ?

Faut-il rembourser charlatanisme et médecines douces ?

Il fut longtemps impossible de juger la médecine sur ses résultats. Avec le médicament devenu efficace, les temps peuvent changer. Dédramatiser l'évaluation, la rendre plus simple et plus responsable, s'affranchir du principe de précaution, donner aux prescripteurs les moyens de s'opposer aux demandes pressantes des consommateurs impénitents sont des changements à promouvoir.

Chaque âge a ses plaisirs, chaque époque ses traitements. Il y a ceux de la pensée biologique, ceux de la pensée humaniste, ceux qu'une évaluation scientifique reconnaît et ceux qu'elle ne reconnaît pas, ceux que la pensée logique rationnelle recommande et ceux que l'irrationnelle soutient.

La déception pourrait gagner les tenants des expérimentations démonstratives. Claude Bernard, qui n'a pas connu le temps de l'efficacité thérapeutique, aurait des raisons de s'étonner. Lui l'expérimentateur modèle, à la recherche de l'explication rigoureuse et méthodique, pourrait-il accepter les comportements de nos contemporains en matière de médicaments ?

Des médecines douces sont remboursées par l'Assurance maladie, est-ce une bonne décision ? Peut-on la discuter ? Il n'est pas suffisant de dire que ces pratiques ne sont pas dangereuses et qu'elles plaisent : doit-on les offrir pour autant ? Ne serait-il pas plus sérieux d'avancer des arguments médicaux ? Le médecin ne pourrait-il pas être le meilleur placebo ? Certains d'entre eux le sont certainement.

Un tiers des Français croit que l'homéopathie, l'acupuncture et d'autres médecines douces sont bonnes pour eux. C'est une croyance sans fondement rationnel, sans démonstration évaluée. Faut-il, dans une société solidaire, rembourser les religions ou tout ce que nous pensons être bon pour nous ? La bonne médecine ne fait pas une telle demande. Son histoire le démontre. Faut-il interroger un Aristote des temps modernes ? Que conclurait la commission composée de Jenner, Lavoisier, Larrey, Virchow, Bernard, Pasteur, Charcot, Snow, Fleming, Waksman, Debré ? Qui faut-il suivre ? Celui qui sait, ou celui qui croit ?

– 12 –

LOUIS PASTEUR ET CES ÊTRES VIVANTS QUI TUENT

Louis Pasteur, une gloire nationale, un de ces génies à qui le monde entier a rendu hommage ! Ses découvertes chimiques, ses capacités de synthèse, sa connaissance des travaux de ses prédécesseurs, ses expériences dans les domaines industriel, viticole et de biologie médicale ont permis de révolutionner les savoirs et les pratiques en bien des domaines.

À partir de 1850, depuis son laboratoire parisien où il développe des travaux sur la fermentation et la putréfaction, il surprend le monde scientifique. En 1857, sa publication *Mémoire sur la fermentation alcoolique* démontre que cette fermentation-ci est due à des êtres vivants unicellulaires, les levures, qui se mettent à pulluler dans un milieu propice. Elles créent ainsi la fermentation et la putréfaction et n'en sont pas le produit. Pasteur s'oppose au concept de « génération spontanée » en démontrant avec vigueur cette ineptie scientifique.

Quelques années plus tard, reprenant l'hypothèse émise avant lui, mais non encore démontrée, de l'origine de l'infection à partir de germes, il s'attaque au sujet des maladies infectieuses. Il découvre plusieurs germes et bactéries. Son grand rival sera allemand, un médecin de vingt ans son cadet, Robert Koch, qui isolera le bacille de la tuberculose en 1882.

Ces savants, très marqués par les oppositions entre leurs deux pays dont ils sont des représentants éminents et nationalistes, sont les fondateurs de la bactériologie. Ils mettront en pleine lumière l'action des microbes, causes de maladies infectieuses. Grâce à leurs élèves, l'infectiologie biologique livrera ses premiers secrets. Pasteur prendra le chemin de la recherche d'une nouvelle voie de vaccination en tentant de diminuer la virulence des germes pour protéger contre les différentes maladies dont ils sont la cause. Soucieux de la santé publique, il sera ainsi à l'origine de l'immunologie, science des moyens de défense de l'organisme. En homme influent, il obtiendra la création de l'institut qui porte son nom et de ses nombreuses antennes dans les pays du tiers monde de l'époque, dédiées à la recherche et à la prévention. Des antennes seront installées aux États-Unis aussi. La médecine sera transformée par le savoir acquis. Les premiers prix Nobel ne seront décernés qu'à partir de 1901, Robert Koch obtiendra celui de médecine en 1905, dix ans après la mort de Louis Pasteur.

« Détruire les germes », dit-il.

Les médecins de l'époque étaient nombreux à se montrer sceptiques devant les premières découvertes pastoriennes. Ceux d'aujourd'hui savent que leurs propres connaissances et leur efficacité doivent beaucoup à l'œuvre de Pasteur. Les malades lui doivent sans doute plus encore. Qui s'est interrogé sur le nombre de ceux qui ont évité la mort grâce à ses découvertes ? Chacun de nous, et probablement plusieurs fois dans une vie, doit une guérison à cet extraordinaire travailleur qui sut faire, à partir des savoirs de son temps, les découvertes qui ont changé les possibilités des sociétés humaines. Il a donné à l'humanité la possibilité de penser qu'elle pouvait se rendre maîtresse d'une fatalité biologique.

Né à Dole dans le Jura en 1822, Louis Pasteur est issu d'une famille d'artisans et son père est tanneur. Tout au long de sa vie, il respectera avec ferveur le milieu de son enfance. Il a cinq ans lorsque son père décide de s'installer non loin de Dole, à Arbois. Louis y passera sa jeunesse et sa scolarité jusqu'à l'âge de seize ans. Quitter cette petite ville de quatre mille habitants pour aller faire ses études est un déchirement pour le jeune homme. Il restera toujours fidèle à sa maison de famille, et reviendra y passer des vacances avec sa femme, ses enfants, et plus tard ses petits-enfants. Ces séjours sont toujours laborieux, mais également emplis de joie et d'amitié, car le grand homme y retrouve les paysages de son enfance et la compagnie de ses amis du bourg.

Professionnellement, Pasteur est un travailleur forcené qui est vite reconnu et promu. Il est lauréat du Concours général, admis à l'École normale supérieure, nommé agrégé, doyen à trente-trois ans de la nouvelle faculté des sciences de Lille. Il devient un des hommes les plus admirés de son temps. Sa formule fétiche n'est autre que *Laboremus,* « Travaillons » ! En 1878, pour s'opposer au dernier écrit du grand Claude Bernard qui venait de mourir, il entreprend des expériences sur sa propre vigne d'un demi-hectare. Il vient bientôt devant l'Académie des sciences apporter ses résultats et discuter ses conclusions : le raisin mûr ne fermente pas s'il n'est pas en contact avec des levures. Vingt ans après son *Mémoire* de 1857, il affirme une nouvelle fois, et avec force, que la génération spontanée n'existe pas.

Si de nos jours la recherche de la cause d'une maladie est un temps essentiel du diagnostic désormais réalisable, les cliniciens de l'époque de Louis Pasteur savent reconnaître les symptômes, les signes des maladies contagieuses et de l'infection, en perçoivent la gravité potentielle mais n'en connaissent pas les causes et n'ont aucun traitement à proposer. Les Anglais, les premiers, dès 1867, dans un mouvement initié par Joseph Lister, chirurgien et adepte convaincu des idées de Pasteur, nettoient les plaies avec du phénol : c'est de l'antisepsie. L'heure de l'asepsie capable de prévenir l'infection approche. Vers 1940, les premiers traitements efficaces apparaîtront avec des sulfamides d'abord, puis avec la pénicilline.

Les découvertes pastoriennes ciblent les micro-organismes, c'est le domaine de la bactériologie, science des microbes, causes de maladies. L'asepsie représente la première grande application pratique, il s'agit, là encore, d'une innovation-rupture. L'asepsie va protéger les malades de l'infection, elle marque le début d'une guerre qui ne va pas s'arrêter. Il faut tout d'abord découvrir les ennemis un à un… Les micro-organismes, bactéries puis virus, sont dépistés. Les manifestations cliniques produites par chacun des germes leur sont rattachées. Les vaccins constituent la première solution pour s'en protéger. Leur destruction marque la deuxième étape : la chimie synthétise les molécules antibiotiques puis antivirales efficaces. La guerre, non plus artisanale mais industrielle, se poursuit de nos jours ; les microbes sont en effet des êtres vivants qui ne cessent de muter pour s'adapter à des environnements changeants.

Avant Pasteur, et pendant des siècles, les maladies infectieuses contagieuses tuaient à tout âge, pour des causes qui paraissent aujourd'hui insignifiantes. La moindre plaie, le moindre abcès, une angine, une otite, une bronchite, une fièvre, et la mort pouvait frapper. Il fallait trouver le coupable. L'air était particulièrement incriminé, souvent à tort. L'isolement du foyer initial d'une épidémie était la mesure utile préconisée.

Au cours des grandes épidémies infectieuses, des réflexes et des comportements de peur panique, vieux comme le monde, réapparaissaient. Lors de l'épidémie de choléra dans l'Aveyron en 1854 – que j'ai déjà évoquée –, le préfet s'en prenait aux rumeurs et faisait rechercher les coupables de la diffusion des mauvaises nouvelles. L'évêque, lui, multipliait les prières et les processions, tandis que les gendarmes collaient des images de la Sainte Vierge sur les portes des maisons infectées. Seuls quelques courageux médecins et pharmaciens au service de la population essayaient, en vain, de porter secours et de soigner.

Il n'est pas nécessaire d'être grand clerc pour imaginer qu'à notre époque, lors d'une grande pandémie grippale dont nous n'aurions pas le vaccin, les mêmes comportements resurgiraient. Les autorités sanitaires deviendraient les nouveaux boucs émissaires et seraient livrées à la vindicte populaire. Les médias, au nom de la liberté de l'information, chercheraient les coupables responsables. Les hommes politiques actuels ont conscience de ce danger, la peur du risque leur a fait choisir la voie paralysante du principe de précaution qui freine, retarde la naissance des innovations salvatrices. De nos jours, Louis Pasteur n'aurait pas obtenu l'autorisation de traiter et de guérir le jeune alsacien Joseph Meister, mordu par un chien enragé et donc condamné à mourir : un pur scandale, une aberration que trop peu perçoivent et combattent.

La solution est pourtant à portée de main : le soutien de la recherche des découvertes, sources du progrès thérapeutique mis à la disposition de tous par l'industrie. Nombreuses sont encore les maladies que nous ne savons pas guérir et qui exigent que la recherche progresse sans peur excessive des risques lorsque les bénéfices le méritent, à l'image des découvertes de Pasteur.

Grand débat sur la génération spontanée

L'histoire des progrès médicaux en pathologie infectieuse est un exemple à ne jamais oublier. La vaccination contre la variole, première victoire, survient un siècle avant la connaissance des microbes. L'industrie se désintéressait alors du monde de la santé. Autour de 1850, les germes, les futures bactéries deviennent source d'intérêt. On s'interroge sur leur provenance : la génération spontanée de micro-organismes est un sujet de débat scientifique passionné avec ceux qui soutiennent que les matières en fermentation ou en décomposition peuvent donner naissance à de nouveaux êtres vivants, et ceux comme Pasteur qui sont convaincus du contraire. À l'Académie des sciences, le combat fait rage pendant six ans… Louis Pasteur et Félix Archimède Pouchet sont les représentants majeurs de ces deux camps qui s'opposent. Pasteur sortira bien entendu vainqueur de ce combat homérique en 1865. Il a inversé la tendance qui inscrivait la génération spontanée dans une vision globale de la biologie.

C'est en chimiste et physicien que Louis Pasteur fait ses premières découvertes. Il s'intéresse d'abord à la déviation de la lumière par molécules chimiques. Bien qu'ayant la même structure chimique, certaines molécules dévient la lumière vers la droite et d'autres vers la gauche. Il constate que, lorsque les molécules ont une origine organique, la déviation se fait toujours dans le même sens… Il en conclut la chose suivante : lorsque toutes les molécules d'une préparation dévient la lumière dans le même sens, la présence d'un organisme vivant est certaine. Quelques années plus tard, on découvre comment stériliser un milieu infesté de microbes par la chaleur de l'ébullition, ce qui donnera naissance à l'asepsie.

Les applications des découvertes de Pasteur sont immédiates. Lors d'une épidémie du ver à soie, il est appelé à Alès pour travailler sur les deux maladies responsables : la pébrine infectant les œufs du ver et la flacherie infectant son intestin. Il apporte les solutions en supprimant les œufs infectés et la nourriture altérée. L'industrie française de la soie est sauvée !

Pasteur réussit également à montrer que certains micro-organismes responsables de la fermentation ont besoin d'oxygène et d'autres non. Il met ainsi au jour les voies de prolifération des germes : « aérobies » pour ceux qui ont besoin d'oxygène dans leur développement, « anaérobies » pour les autres. Il détermine ensuite qu'en chauffant le vin à soixante degrés, il empêche son altération. Ce qui permet au milieu viticole d'améliorer considérablement ses résultats et d'en tirer profit.

Ces découvertes ne se font pas sans opposition, ni sans échec. Il y a parfois des erreurs et des tâtonnements, mais Louis Pasteur se montre déterminé et obstiné dans ses convictions et ne se laisse jamais abattre.

La brillante carrière de Pasteur aurait pu s'interrompre dans sa quarante-sixième années, le 16 octobre

1868, lorsque le frappe une hémiplégie due à un accident vasculaire cérébral. Il récupère lentement, conservant comme séquelles une main partiellement paralysée et la jambe gauche rigidifiée. Il reprend ses activités, on pourrait même dire que son œuvre la plus spectaculaire commence à ce moment-là seulement.

La virulence des germes devient alors son sujet d'étude. Il s'attaque d'abord à l'anthrax, maladie du mouton encore appelée « fièvre splénique ». Comme Robert Koch, son émule et jeune rival, il connaît le bacille qu'il conserve dans ses éprouvettes. Dans un premier temps, il est dans l'incapacité de proposer une prévention, ni un traitement. C'est alors qu'on vient l'interroger sur le choléra qui dévaste les poulaillers. Qui aurait pu penser que ses propositions sur l'anthrax allaient en tirer bénéfice ? Le génie, l'esprit préparé, le travail, la chance, le hasard sont au rendez-vous. La révolution de la médecine préventive en dépendra…

L'anthrax est une maladie mortelle et épidémique qui se manifeste par des lésions cutanées chez l'homme et également dans les cheptels. Elle est dramatique dans ses manifestations gastro-intestinales et plus encore lorsqu'elle atteint le poumon. La maladie est provoquée par une bactérie, *Bacillus anthracis*, vraisemblablement découverte en 1863 par un médecin français, Casimir Davaine.

De retour de vacances, Pasteur retrouve des cultures d'organismes du choléra du poulet préparées avant son départ et qui ont perdu une partie de leur virulence. Il décide d'injecter ces cultures affaiblies à des poules quelques jours avant de leur injecter des cultures fraîches… et constate que la maladie ne se déclenche pas. Fort de cette découverte, il se replonge dans ses travaux sur l'anthrax : il cherche à atténuer la virulence du bacille responsable. Il y parvient finalement en faisant pousser les cultures à une certaine température.

Il expose sa trouvaille avec talent et sens de la communication : il organise en 1881 une cérémonie ouverte au public avec la Société d'agriculture de Melun. Devant une foule sceptique de médecins, de vétérinaires et de citoyens curieux, il présente deux lots de moutons. Le premier a été inoculé avec des bacilles virulents de l'anthrax, le second à reçu une première injection de bacilles à la virulence atténuée avant de recevoir la même inoculation que le premier groupe. Les moutons du premier lot meurent, ceux du second survivent. Le principe de l'immunité est démontré à tous, véritable révolution pour la médecine préventive. Que faut-il admirer le plus ? Le génie du savant, l'art d'informer, le savoir sobre transmis à ceux qui sont en devoir de soigner ? Un exploit qui porte sur le bacille… et que d'autres vont utiliser dans la guerre bactériologique.

Peut-on passer sous silence les bénéfices d'un travail acharné en un temps où les trente-cinq heures transforment, dans le monde de la santé, le bon sens et les mentalités ?

Des microbes sur tous les fronts

Les découvertes de Louis Pasteur sont de portée générale, car elles concernent tous les types de microbes. Elles ouvrent une voie de recherche que ses élèves de l'Institut Pasteur vont emprunter et développer. Les micro-organismes, champignons, bactéries, virus, causes d'infection, vont être identifiés les uns après les autres. Émile Roux découvre un virus qui passe au travers des filtres les plus fins. Alexandre Yersin, avant de trouver le bacille de la peste, isole le bacille de la diphtérie et développe une antitoxine. Robert Koch découvre le bacille à qui il a donné son nom, responsable de la tuberculose, et le vibrion cholérique à l'origine du choléra.

Avec la mise au jour de la cause de maladies infectieuses, la pratique ne pouvait plus continuer comme avant et se devait de se renouveler. Peu avant le début du XXe siècle, les fondements scientifiques des nouvelles pratiques sont acquis. Les maladies sont répertoriées, toutes, plus exactement toutes celles qui, à cette époque, se sont cliniquement manifestées. Elles sont décelables par un examen clinique. Grâce à une sorte d'effet d'aubaine, les résultats des interventions chirurgicales vont s'améliorer par l'asepsie, associée à l'anesthésie, autre innovation-rupture à peine plus ancienne. Les chirurgiens seront les bras armés de la voie de l'efficacité rationnelle en médecine.

La médecine va ainsi changer la société. Comme toujours le changement prend du temps, la connaissance nouvelle s'infiltre progressivement. Jamais dans l'Histoire le savoir médical n'a été aussi prometteur. Le médecin du début du XXe siècle peut avoir un diagnostic cliniquement assuré, empiriquement sûr, et plus encore un bon pronostic. C'est l'époque où les praticiens les plus reconnus sont appelés en consultation par leurs confrères. Essentiellement grâce à Louis Pasteur encore, l'heure est à la chirurgie, forme épanouie de la médecine efficace.

Auparavant, le geste chirurgical était peut-être précis, mais il se pratiquait dans la douleur et le risque. La douleur était le lot de la condition humaine…

En 1828 à l'Académie de médecine, Alfred Velpeau, grand chirurgien parisien, s'emporte dans une discussion concernant l'intérêt de l'éther pour opérer un patient sans douleur : pour lui, un instrument tranchant et la douleur sont nécessairement associés ! À Londres, l'opinion chirurgicale est identique. L'intervention est d'abord une insupportable douleur que nous serions aujourd'hui bien incapables de maîtriser, et même d'envisager. À l'époque, le résultat d'une opération est de plus toujours incertain, les suites sont hasardeuses, l'infection s'invite fréquemment, conduisant au trépas dans la grande majorité des cas. Le malade, *patient*, doit subir.

Comment arracher une dent sans douleur

Les premiers pas vers l'anesthésie ont lieu à Boston, aux États-Unis. Un dentiste, Horace Wells, remarque en 1844 l'effet du gaz hilarant dans un cirque. Il s'agit du protoxyde d'azote, découvert en 1772 par le chimiste anglais Joseph Priestley. Wells se décide à l'utiliser pour extraire les dents… sans douleur !

Il essuie quelques échecs, mais un autre dentiste, son ami William Morton, se laisse séduire par l'idée et, sur les conseils d'un chimiste, décide d'utiliser l'éther… Ça marche ! Il retire quelques dents d'un patient avec succès et sans douleur. En 1846, l'Américain John Collins Warren, professeur de chirurgie, convaincu par les idées des deux dentistes, devient le premier chirurgien à opérer sous anesthésie. C'est un succès. Moins d'un mois plus tard, à Paris et à Londres, l'anesthésie est à l'honneur. On choisit un temps le chloroforme : l'air est remplacé par un gaz, provoquant une sorte de bouffée de gaz asphyxiant. Saurions-nous, aujourd'hui encore, accepter avec confiance une telle pratique ? Rien n'est moins sûr !

Supprimer la perception de la douleur en anesthésiant le patient a été un pas fondamental dans le développement de la chirurgie. Restait le problème de l'infection… On doit le deuxième pas révolutionnaire à Louis Pasteur, par la suppression de l'infection, avant même l'apparition des antibiotiques tueurs de microbes.

De l'avantage de se laver les mains

Il y a moins de cent cinquante ans, les chirurgiens opéraient encore à main nue, en costume de ville. Aucun n'imaginait un seul instant être cause d'infections ! Se laver les mains, utiliser du linge propre ne venait à l'esprit de personne. En obstétrique, on offrait aux fièvres puerpérales une voie royale… Ignace Philippe Semmelweis, accoucheur à Vienne au milieu du XIXe siècle, remarque cependant que les médecins passent de la salle d'autopsie à la salle d'accouchement sans nettoyer leurs instruments. Il connaît la gravité de la « piqûre anatomique », blessure légère que le praticien se fait au scalpel en disséquant ou en opérant, et qui conduit souvent à la mort par infection. Il impose alors le nettoyage instrumental, le lavage des mains et l'usage de linge propre dans la maternité qu'il dirige.

Les résultats ne se font pas attendre, les fièvres diminuent et le nombre de morts régresse. Mais les confrères de Semmelweis à l'hôpital ne sont pas convaincus et lui font la guerre : ils le mettent en demeure de démissionner.

Pasteur avait pourtant déjà publié ses premiers travaux… Les germes, ces micro-organismes bactériens invisibles à l'œil nu, devenaient les ennemis. Éviter l'infection était le combat nécessaire. Combat difficile : les germes trouvent des traques, des repères, des caches, ils sont partout, sur la peau, dans la bouche et sur les dents, sur les instruments qu'il faut stériliser. Aujourd'hui, les patients sont soumis à un lavage préopératoire soigneux, les chirurgiens, eux, se brossent longuement les mains.

Avec l'asepsie et l'anesthésie, la chirurgie commence sa marche triomphante. Le chirurgien, qui manipule le scalpel avec art, devient l'homme providentiel.

L'habileté, le sang-froid, la rapidité, la perspicacité, l'expérience font la réussite du chirurgien. Il lui faut aussi la chance et le hasard, qui sourient aux plus intrépides. Il va devenir celui que l'on suit aveuglement, en confiance…

Des malades que l'on pensait perdus sont sauvés… La crise d'appendicite, due à une infection locale d'un court appendice sans fonction vitale, est un fléau redouté de l'époque. Toutes les familles en sont victimes, un jour ou l'autre. Le diagnostic et l'intervention sont un combat contre le temps. La guérison est entre les mains du chirurgien qui doit enlever au plus tôt l'appendice enflammé. Le combat chirurgical est la priorité et la connaissance de l'anatomie le savoir essentiel.

Douleur dans la fosse iliaque droite, vomissements, arrêt des gaz et des matières fécales sont les symptômes dont se plaint le patient. Regarder le ventre respirer, palper l'abdomen les mains réchauffées bien à plat sont les étapes de l'examen que pratiquent à la perfection les plus grands praticiens, devant les parents silencieux et anxieux. Un point douloureux, une région abdominale qui perd sa souplesse musculaire sont les signes cardinaux. Le diagnostic si redouté n'est pas toujours simple, même pour les meilleurs. La décision de l'intervention doit précéder sans attendre la péritonite et sa contracture. L'opérateur examine et, en maître d'œuvre, choisit le moment. Personne ne discute. Gare, la mort rôde. Il ne reste plus qu'à prier pour que l'intervention réussisse et que les suites soient favorables. La guérison est saluée comme un exploit : la vie est sauvée, et tout le monde sait que sans l'opération le malade serait mort. Le chirurgien sauveur mérite cadeaux et remerciements. En peu de temps, il devient riche et célèbre, une star, un vainqueur de la mort. Mais les risques restent présents pour tous.

Le président du Conseil Léon Gambetta lui-même va mourir d'une crise d'appendicite en 1882, à l'âge de quarante-quatre ans. Un aréopage des plus grands médecins parisiens de ses amis, Fieuzal, Charcot, Lannelongue l'ont pourtant examiné… Le diagnostic a été posé mais tous ces grands maîtres ont hésité, tergiversé et laissé passer le moment de l'intervention. Ils ont sans doute espéré éviter les risques que fait courir une telle opération. Dans un moment d'accalmie, ils ont cru, ils ont « espéré » que la guérison spontanée allait survenir. Ils savaient qu'elle était pourtant rare.

C'est la péritonite qui survient. Trop de précautions, trop de tergiversations, et la mort en profite…

– Nous l'avons laissé mourir, dira l'un des médecins.

Gambetta aura droit à des funérailles nationales et les médecins, tous célèbres et savants, ne seront pas mis en cause. Autre temps !

Personne ne se permettait alors de discuter le savoir, la disponibilité et l'humanité des médecins. Le temps était à la confiance et la chirurgie nouvelle tellement récente. Pourtant, la peur du risque fut paralysante et mauvaise conseillère. Dans les campagnes du

Lauragais court un dicton qui, avec l'accent, prend ici toute sa force, tout au moins sa saveur : « Des *ceusses* qui ont peur, ils s'en sauvent toujours quelques-uns. »

Les chirurgiens ont guéri l'inguérissable avant les médecins. Jusqu'en 1940, l'exploit chirurgical devait parfois se réaliser dans l'urgence sur la table de la cuisine ! Au fil du temps leurs armes se sont sophistiquées avec les gants, les blouses, les tables et les salles d'opération.

Entre 1920 et 1930, l'Américain Harvey Cushing, le père de la neurochirurgie, a tenté une centaine d'interventions sur des tumeurs du cerveau avant d'obtenir une première réussite. Il ouvrait le crâne sans savoir ce qu'il allait trouver… Le cerveau était dans une boîte noire ! Il se révélait par son fonctionnement, la parole et le langage, la sensation et la motricité… Le compositeur Maurice Ravel, atteint d'une maladie cérébrale lentement évolutive, eut droit à une exploration chirurgicale dans l'espoir de découvrir une tumeur bénigne. Clovis Vincent, neurologue devenu neurochirurgien, tenta de le sauver, en vain. Le célèbre patient n'avait pas de tumeur, mais des lésions d'un état démentiel.

Les chirurgiens sont des pionniers. Au fil de l'avancée des connaissances, ils interviennent peu à peu sur tous les organes, même les plus inaccessibles. En cinquante ans, l'essor de la chirurgie a été fulgurant. Le geste est habile, l'intervention de courte durée. D'abord générale, la chirurgie est devenue ensuite spécialisée.

La clinique et le savoir d'avant 1940 ont fait du chirurgien et du médecin de famille, son confrère qui lui confie les malades, les prototypes de praticiens exemplaires inspirant confiance. Ils étaient parfaitement en phase avec l'époque du diagnostic empirique et partiellement incertain, celle de la thérapeutique locale, efficace lorsqu'elle était pratiquée assez tôt dans le développement de la maladie. Il s'agissait de porter le fer au sein de la lésion pour la supprimer. Les impressionnantes découvertes d'avant 1900 ont permis au médecin de créer ce fameux lien individuel et magique entre savoir et humanité. Seul le chirurgien, profitant de l'anesthésie, de l'asepsie et de la radiographie débutante, avait le pouvoir véritable de guérir. Un pouvoir individuel s'exprimant par des actes localisés. Le pacte de confiance entre le malade et son médecin généraliste, puis son chirurgien lui aussi généraliste, existait sans hiatus.

C'était la « belle époque » d'une science débutante qui s'attaquait à la mort et la repoussait. Il serait toutefois faux et injuste de limiter l'apport de Pasteur aux progrès de la pratique chirurgicale. La rupture pastorienne est d'abord biologique. Elle s'enrichira plus tard de la génétique et de la biochimie moléculaire. L'heure du médicament pastorien allait sonner…

Une médecine d'équipe

Depuis 1945, le progrès technique a rendu la médecine plus précise et la spécialisation est apparue logiquement. La diversité des intervenants avec des compétences variées et complémentaires a augmenté. Aujourd'hui, la médecine se pratique de plus en plus en équipes, en filières, en réseaux. Le colloque singulier et son pacte de confiance prennent une autre dimension. Malades et soignants se doivent de changer leurs relations pour que la confiance si nécessaire perdure. L'individualisme s'estompe et le résultat est mutualisé. Chacun des professionnels devient un chaînon au sein d'une équipe au travail. Pour être parfaite, la continuité des prises en charge exige la complémentarité de l'action de tous les acteurs à la compétence toujours renouvelée, mais aussi la suppression du temps perdu, des délais d'attente, de l'incompétence technique ou de l'insuffisance des relations humaines. Le résultat ne peut rester optimal qu'avec cet ensemble de facteurs réunis.

Le malade, lui, reste seul, et c'est chaque membre de l'équipe qui doit mériter sa confiance. Trouver avec chacun des intervenants la juste relation devient plus difficile en ces temps de suspicion systématique. Dans une société individualiste comme la nôtre, le challenge n'est pas gagné d'avance.

La clinique doit rester vivace dans l'esprit du médecin : ce que ressent le malade et ce qu'observe le professionnel par son examen sont les premières valeurs et le fondement des pratiques.

Oublier cette vérité est plus qu'une erreur, c'est une faute. Accueillir, écouter, entendre, comprendre, observer, examiner, expliquer, pratiquer les gestes utiles et nécessaires, ceux-là seuls qui comptent pour conduire au diagnostic puis au traitement adapté, restent les voies de passage nécessaires aux pratiques, même les plus modernes.

Relations humaines empathiques de toujours et savoirs d'aujourd'hui, voilà la base de la formation médicale qui doit imprégner les professionnels de santé tout au long de leur vie active. Les techniques modernes impressionnent, car elles sont performantes. Pour autant, elles restent des outils à maîtriser et à utiliser avec pertinence selon la situation. Il en va de la responsabilité des médecins.

La grande aventure de l'aspirine

Louis Pasteur meurt en 1895. Il aura permis à l'asepsie de s'installer dans les pratiques artisanales des médecins et à la vaccination de se développer. Plus encore, il a fait entrer dans l'esprit des médecins que les causes de l'infection doivent être la cible des traitements. Ses successeurs français, allemands, anglais, américains, prolongeant ses idées dans leurs laboratoires de chimie, chercheront à identifier les germes à combattre. Tout reste à faire. Au début du XXe siècle, des Français meurent encore de tuberculose et de syphilis en grand nombre, mais aussi de diphtérie, de fièvre typhoïde, de tétanos et de toute infection pulmonaire, urinaire, digestive, méningée se transformant inéluctablement en septicémie.

Les microbes pullulent dans les abcès, le sang, les humeurs et le corps des malades. Ils finissent enfin par être découverts, caractérisés et classés. Si le savoir progresse, les traitements médicaux restent à trouver pour que les malades puissent guérir. Altérer et détruire microbes et micro-organismes sera un autre résultat des travaux de Louis Pasteur.

La découverte de l'aspirine en est un bon exemple. Hippocrate avait enseigné que les décoctions de feuilles de saule étaient efficaces contre la fièvre et les douleurs. Il semble que Sumériens et Égyptiens avaient la même pratique. Mais il faudra attendre 1825 pour que la salicine, principe actif de l'écorce de saule, soit extraite, avec encore beaucoup d'impuretés. En 1835, on découvre qu'une autre plante, la reine-des-prés, en contient également. L'hydrolyse de la salicine produira de l'acide salicylique en 1839. L'heure est à la synthèse. L'acide acétylsalicylique, aux mêmes propriétés mais de meilleur goût, est synthétisé pour la première fois à Montpellier en 1853. Enfin, en 1898, un chimiste de chez Bayer propose une méthode de synthèse pratique produisant l'acide acétylsalicylique le plus pur. Ce premier temps de synthèse contribue à l'industrialisation. Commercialisé au début sous forme de poudre, le produit prend sa forme de comprimé en 1915. Cent ans plus tard l'aspirine est le médicament le plus consommé au monde, autour de cent milliards de comprimés par an, dont trois milliards en France ! Il faut dire que ses indications sont multiples et se sont largement étendues depuis les premières applications. Contre la fièvre et les douleurs initialement, l'aspirine a démontré son rôle d'antiagrégant plaquettaire dans les années 1970, devenant chef de file de la prévention des thromboses de l'athérosclérose des artères du cœur et du cerveau. Le modèle d'évolution de ce médicament est parfait : la plante ou l'animal d'abord, l'extrait ensuite, la synthèse, enfin la production industrielle. Telle est la démarche à suivre.

Pénicilline et streptomycine au programme

Alexander Fleming en Angleterre et Selman Abraham Waksman aux États-Unis vont faire la découverte de la pénicilline et de la streptomycine, substances qui vont guérir des millions de malades. La découverte de Fleming est accidentelle, comme dans bien des cas, même si « la chance ne sourit qu'aux esprits préparés », a dit un jour Louis Pasteur ! Dans une boîte de Petri[1] accidentellement contaminée par une moisissure, *Penicillium notatum*, Fleming a la surprise de constater qu'une culture de staphylocoque ne se développe pas. Cherchant à expliquer cette observation, il entreprend des expériences. Il observe alors que cette moisissure a le même effet sur le streptocoque et le pneumocoque, sans pour autant altérer les tissus avoisinants ni le rôle défenseur des globules blancs. La pénicilline est découverte mais elle est instable et difficile à produire.

Elle ne sera produite en quantité qu'à partir de 1940, à la suite d'essais remarquablement efficaces sur les animaux puis sur les hommes. Le grand public découvre en mars 1943 dans la presse londonienne que les soldats blessés de l'armée d'Afrique du Nord du général Montgomery guérissent en quelques jours

1. Petite boîte de verre ou de plastique utilisée en laboratoire.

de leurs infections et peuvent reprendre le combat. C'est une nouvelle déconcertante et enthousiasmante pour les médecins et les chirurgiens de guerre, qui savent bien qu'une plaie de guerre conduit à l'infection, donc à des risques de septicémie, de gangrène ou d'infections chroniques redoutables comme l'ostéomyélite qui attaque l'os à partir de la plaie pendant des années. Avant la pénicilline, la présence de vermine dans la plaie était un bon signe, espéré de tous : cette apparition grouillante signifiait que les germes infectants avaient besoin d'oxygène et qu'il ne s'agissait pas d'une gangrène gazeuse, rapidement mortelle à cause de ses germes anaérobies. Les vers allaient nettoyer les tissus en quelques semaines !

Les sulfamides apparus à la fin des années 1930 avaient déjà donné quelques résultats encourageants et sauvé des vies. La pénicilline, elle, ne freine pas la prolifération des germes, elle les détruit. La pneumonie, la broncho-pneumonie, la syphilis allaient désormais être vaincues. Au fil des siècles, le mal de Naples, c'est-à-dire la syphilis, avait conduit à la tombe tous ceux qui avaient eu un chancre et développaient, dix ou quinze ans plus tard, une ataxie tabétique (discoordination des mouvements secondaires) et ses douleurs, ou une paralysie générale, nom donné à l'état démentiel syphilitique. Ce mal terrible était définitivement vaincu : la bactérie n'avait aucun moyen de résister à l'assaut de la pénicilline.

Le sida apparut plus de trente ans après… Il surprit les populations qui avaient oublié que les êtres vivants s'adaptent et se développent et que seul le progrès scientifique est capable de prémunir de leurs effets délétères.

Le BK venu du fond des temps

Le bacille de Koch, ou BK, est la cause de la tuberculose. Ce *Mycobacterium tuberculosis*, bâtonnet acido-alcoolo-résistant[1], a été vaincu en 1945 par la streptomycine, découverte par Selman Abraham Waksman, Ukrainien d'origine qui a émigré aux États-Unis dès 1917.

Waksman travaillait sur la microbiologie des sols. Il observe un jour que les bactéries apportées par les cadavres ou les excréments sont détruites par d'autres bactéries contenues dans le sol. Il en déduit donc que la terre contient un destructeur de BK et il le cherche. Il consacre sa vie à l'étude de plusieurs milliers de micro-organismes telluriques. L'année où ses crédits de recherche devaient être supprimés, il trouve un champignon dans le gosier d'un poulet, *Streptomyces griseus*. La streptomycine, produite par ce micro-organisme, tue le BK in vitro et guérit le cobaye tuberculeux. Le 20 novembre 1944, la première prescription à la dose de 0,10 gramme par jour est réalisée avec un résultat immédiatement probant.

La méningite tuberculeuse est la conséquence de la présence du BK dans les méninges. Les cliniciens savaient la reconnaître avant le XXe siècle, mais ne

1. Bactérie ne se décolorant ni sous l'action des acides ni sous celle de l'alcool.

disposaient pas de traitement. Or la maladie non soignée conduit systématiquement à la mort. En 1945, on procède à l'injection par ponction lombaire de 0,05 gramme de streptomycine dans les méninges de six malades de méningite tuberculeuse, et on obtient six guérisons. La streptomycine guérit la tuberculose. Mais le BK se mit à résister, aidé sans doute par les résistances des organisations, l'obscurantisme des savoirs, les croyances ancestrales, les peurs des effets secondaires de la streptomycine, qui guérit certes de la tuberculose mais rend aussi sourd.

Mycobacterium tuberculosis a toujours sévi dans l'espèce humaine. On a retrouvé des lésions osseuses de tuberculose dans des momies égyptiennes, et des lésions de leptoméningite sur un crâne d'*Homo erectus* vieux de cinq cent mille ans retrouvé en Turquie. Le BK a traversé les siècles et s'est mis à résister à la streptomycine : c'est un être vivant, il peut et doit évoluer. Quinze ans après les premières injections, la dose efficace de streptomycine était de 1 gramme, soit vingt fois la dose de 1944. L'isoniazide vint suppléer la substance de plus en plus inefficace au début des années 1950. Le traitement des lésions pulmonaires, osseuses ou méningées de la tuberculose nécessita une association de deux puis de trois antibiotiques. Le BK continua son évolution et sa résistance. Aujourd'hui, les premiers produits antituberculeux ne sont plus utilisés et il existe encore des BK hyper-résistants.

Les foyers les plus pauvres sont un milieu propice à la propagation d'une maladie se transmettant par la diffusion aérienne du BK, particulièrement au moment des accès de toux. La promiscuité en est le facteur principal, renforcé par la malnutrition et l'alcoolisme. En France, la streptomycine a guéri toutes les tuberculoses, celles des pauvres aussi !

Au moment des premières utilisations de la streptomycine dans notre pays, il y avait deux cent trente sanatoriums, comptant quarante mille lits. Il s'agissait d'une structure hospitalière réservée aux patients censés pouvoir guérir de la tuberculose. En 1960, on pouvait en guérir depuis quinze ans déjà sans aller dans un sanatorium… il y avait pourtant soixante-quinze mille lits dans ces structures, représentant dix-neuf mille emplois. Il n'est pas difficile de démontrer que la découverte du traitement de la tuberculose a considérablement réduit le coût de la maladie pour notre société.

Aujourd'hui, environ cinq mille nouveaux cas de tuberculose sont déclarés chaque année en France, le chiffre monte à plus de dix millions dans le reste du monde, avec une proportion de quatre-vingts pour cent dans les pays les plus pauvres, en raison d'un BK multirésistant. Après le séquençage du génome de *Mycobacterium tuberculosis*, le vaccin antituberculeux devrait être d'une efficacité foudroyante et nécessitera des campagnes de vaccination dans tous les pays du monde, menant à une éradication de cette maladie, comme ce fut le cas pour la variole.

Fleming a obtenu le prix Nobel en 1945 et Waksman en 1952. Ils sont les deux grands vainqueurs de la compétition ouverte par les découvertes de Pasteur et de Koch. Qui devons-nous le plus louer ? Celui qui, avant de jeter une boîte de Petri oubliée par mégarde pendant plusieurs jours sur la paillasse, a dirigé son regard sur ce qu'elle contenait ? Celui qui, avec une opiniâtreté obsessionnelle, a poursuivi la même idée pendant des années, avant de finalement trouver la solution dans le fond de la gorge d'un poulet ? Faut-il choisir ou admettre que tous les deux ont pris la voie de l'intelligence et de la recherche du progrès pour tous ?

Cette recherche obstinée, fruit d'un travail réfléchi, intelligent, déductif, inspiré et incessant, dura cinquante ans avant que les résultats apparaissent au grand public à la fin de la Seconde Guerre mondiale. Les efforts de la période de conflits développèrent les techniques. Le monde de la santé en tira profit. L'efficacité médicale se décupla. Les mentalités en seront bouleversées bien avant les institutions officielles qui ont toujours plusieurs temps de retard et redoutent les changements. Après 1945, en quelques années, on trouva un ou plusieurs antibiotiques adaptés capables de détruire tous les germes, ou presque, des maladies infectieuses.

Savants et « guérisseurs »

Les médecins sont désormais maîtres des infections grâce à une chaîne d'événements : Pasteur ouvrit l'ère de la découverte des microbes, ses successeurs les isolèrent un à un, les biologistes mirent au point les vaccins, les chimistes en synthétisèrent les antibiotiques, l'industrie les produisit enfin. Avant cela, les médecins savaient examiner la gorge, poser le diagnostic d'angine. Ils apprirent ensuite à relier l'angine rouge à forte fièvre au streptocoque, ce qui leur permit de la guérir avec la pénicilline, évitant ainsi les graves complications rénales et cardiaques du streptocoque bêta-hémolytique. Ils surent associer pneumocoques et pneumonie ou otite, staphylocoque et furoncle ou infection osseuse, méningocoque et méningite, et parvinrent à les guérir. La fièvre typhoïde est elle aussi vaincue avec le chloramphénicol. On le voit, entre vaccinations et antibiotiques, les pratiques médicales continuent leur formidable révolution.

Les médecins qui ont commencé leur exercice avant 1940 se rendent maîtres des maladies contagieuses. Savants ils étaient, savants ils demeurent mais ils deviennent en plus « guérisseurs ». Leur prestige est au zénith et la société ébahie fait des cliniciens les héros devant qui une mort rend les armes. Notons qu'au sortir de la guerre, l'audace et l'ambition peuvent s'exprimer. Les produits prescrits ne sont plus préparés à la demande du médecin par l'apothicaire du quartier. Le praticien est encore artisan dans le face-à-face avec son malade, il demeure le médiateur entre le patient et le savoir. Mais pour la première fois dans l'Histoire, le produit salvateur se fabrique à l'usine. Cette évolution-là était bien le fruit des idées de Pasteur.

– 13 –

WILHELM RÖNTGEN, LE CORPS TRANSPARENT

Le 8 novembre 1895, Wilhelm Röntgen, physicien allemand passionné de photographie, conduit des expériences sur le tube cathodique : un tube de verre sous vide dans lequel passe un courant électrique. L'expérimentateur constate qu'un écran de carton recouvert de platinocyanure, posé sur la paillasse sans doute par hasard, devient fluorescent et le demeure quelques minutes alors même que le courant est coupé…

Les jours suivants, Röntgen interpose entre le tube et le carton différents objets opaques, en bois, en verre, en caoutchouc, en aluminium, et observe qu'ils sont tous traversés, à l'exception des objets en plomb. Le facteur dirigeant de la transparence est la densité de la matière traversée, l'épaisseur vient ensuite. Le 22 décembre, c'est au tour de la main de madame Röntgen de prendre la pose… Le squelette osseux de la main apparaît avec deux bagues sur l'annulaire. Les os sont visibles, alors que les tissus mous, muscles, tendons, nerfs, artères, veines, peau, eux, ne le sont pas. Madame Röntgen reçoit la première radiographie humaine comme cadeau de Noël ! L'image fait le tour du monde.

Röntgen remet le manuscrit de sa publication dès le 29 décembre. La découverte de ces rayons qui traversent la matière est immédiatement diffusée par la presse, *Le Petit Parisien* annonce en premier la nouvelle en France le 10 janvier 1896 sous le titre : « Une découverte sensationnelle ». Röntgen appelle sa découverte les rayons X, refusant qu'on leur donne son nom. Après avoir réalisé la radiographie de la main d'un professeur d'anatomie devant les étudiants de son université, Röntgen déclare qu'il n'aura ni le temps ni les possibilités matérielles d'exploiter les applications médicales de sa découverte et qu'il appartiendra au corps médical de le faire. Dès cette date, les producteurs de matériel, les chercheurs et les chirurgiens multiplient les projets de développement. Röntgen, lui, reste centré sur son travail de recherche fondamentale. Il recevra le prix Nobel de physique à Stockholm en 1901 sans prononcer un mot…

La populaire passion des rayons X

On l'a vu, les innovations-ruptures sont à l'origine du progrès des structures, des pratiques médicales, et force est de constater qu'il reste bien des domaines de la santé à améliorer. Chacune des découvertes susceptibles d'apporter aux malades soulagement et guérison doit conduire au plus vite à sa traduction pratique. La perte de temps ne peut être tolérée lorsque la vie en dépend. Les Anglo-Saxons se sont souvent montrés plus pragmatiques que les Latins en ce domaine. Ces innovations-ruptures émergent difficilement chez nous, car leur chemin est semé d'embûches administratives et corporatives. Elles révolutionnent les habitudes, font disparaître niches et rentes et créent le déséquilibre permanent propre à la vie. Faciliter la recherche, l'évaluation et la mise en place des innovations est un projet politique de santé publique. Combien de temps et d'essais une agence d'évaluation demanderait-elle aujourd'hui pour permettre l'utilisation des rayons X ? Avec des évaluateurs bureaucrates, cela prendrait des années, avec des médecins compétents, il ne faudrait que quelques semaines, et ces derniers mettraient de plus en place un système de suivi pour maîtriser les risques et éviter les effets néfastes de ces nouveaux rayons.

Les médecins, et les chirurgiens plus encore, paieront un lourd tribut à cette fantastique invention. Dès l'origine pourtant, des lésions cutanées sont repérées et signalées, mais le bénéfice des rayons X est tellement évident et prometteur que personne n'y porte vraiment attention, pas même Henri Becquerel, ni Pierre et Marie Curie, découvreurs de la radioactivité. La « maladie des rayons » emporta nombre de pionniers, célébrés par le monument élevé à Hambourg en 1936 à la mémoire des victimes des radiations.

Le grand public, lui, se passionne immédiatement pour ces mystérieux rayons. On imagine toutes sortes d'applications possibles pour distraire et amuser. Le constructeur français Georges Massiot raconte que le Grand Café, boulevard des Capucines, « a transformé son hall intérieur en une salle obscure de démonstration ». L'image du squelette des aides des conférenciers apparaît sur l'écran au platinocyanure de baryum devenu luminescent. L'histoire ne dit pas les suites médicales de ces malheureux qui prennent tant de risques… sans le savoir. L'heure n'est pas encore à la radioprotection et au tablier de plomb.

Partout dans le monde, les médecins s'emparent de l'innovation. Les os et les fractures sont les premiers à en bénéficier. Viennent ensuite les poumons et particulièrement les lésions tuberculeuses. La radioscopie entre dans le cabinet des médecins généralistes, qui peuvent à présent regarder respirer le poumon des patients après l'examen clinique et l'auscultation. On introduit ensuite des produits opaques dans tous les organes creux, particulièrement ceux du tube digestif. Les radiologues interventionnels pénètrent quelque temps plus tard dans tous les organes par voie vasculaire, par ponction directe ou par cathétérisme des artères, particulièrement dans le cerveau et le cœur, rivalisant ainsi avec l'approche des chirurgiens.

En 1927, le Portugais Egas Moniz, professeur et futur prix Nobel de médecine 1952, est le premier à opacifier les artères cérébrales à partir d'une ponction des carotides. Ces progrès enthousiasmants sont le moteur des améliorations techniques qui sont apportées année après année. La qualité des images ne cesse d'être optimisée et les risques sont de plus en plus maîtrisés. Les tubes, les générateurs, les écrans, les temps de pose sont eux aussi progressivement modifiés. Apparaissent les radiographies en coupe, la tomographie, les amplificateurs de brillance et d'autres procédés qui tendent à résoudre les multiples difficultés que l'imagerie parfaite exige. Celle-ci utilise peu à peu des marqueurs radioactifs, les rayons gamma. Dès 1950, elle est capable de renseigner efficacement sur le fonctionnement des tissus normaux ou tumoraux : c'est la scintigraphie isotopique.

En 1973, la dernière grande innovation concernant les rayons X vient d'Angleterre : il s'agit du scanner, appelé chez nous tomodensitomètre. On la doit à Godfrey Newbold Hounsfield, ingénieur électronicien et informaticien, travaillant à EMI (Electrical Musical Instruments), dans un laboratoire de recherche du vaste complexe industriel consacré aux disques, au cinéma et à la télévision… Hounsfield a l'idée de reconstruire en trois dimensions une structure radiographiée sous plusieurs angles grâce au traitement de mesures de densité par ordinateur. C'est un travail titanesque de cinq années qui donne finalement naissance à l'EMI scanner. En 1972, une patiente met pour la première fois sa tête dans un tel appareil ; elle est atteinte d'une tumeur kystique du cerveau. En sept ans, plus de mille hôpitaux dans le monde font l'acquisition d'un scanner. Cette innovation égale celle de Röntgen : le corps et tous ses organes deviennent visibles et analysables avec peu de risques. Cette sensationnelle découverte vaudra à son auteur le prix Nobel de médecine 1979.

L'innovation-rupture suivante, l'imagerie par résonance magnétique, ou IRM, quitte le domaine des rayons X qui perdent leur prévalence. Ce procédé nouveau apporte des données physiologiques à la vision uniquement anatomique des rayons de Röntgen, l'image renseigne désormais sur le fonctionnement de l'organe. Le progrès exploratoire de ces techniques physiques a indubitablement transformé la pratique médicale : l'IRM permet d'établir des corrélations d'une rare précision avec la clinique vécue et ressentie par le malade.

Clinique et imagerie sont ainsi devenues indissociables dans la pratique. Pourtant, dans les faits, beaucoup de médecins oublient la clinique. Il faut maintenant que s'installe un nouvel équilibre entre ces deux approches si nécessaires, l'intérêt du patient et celui du payeur distributeur de l'argent public l'exigent conjointement. C'est un véritable rappel à l'ordre que les médecins doivent entendre !

Dans notre société de consommation, nombreux sont les examens réalisés sans réelle indication : l'inquiétude des uns, la peur du juge des autres, l'irresponsabilité financière de la médecine gratuite conduisent à de nombreux examens inutiles.

L'industrie, désormais incontournable en médecine

L'industrie s'est appropriée les découvertes des physiciens, des chimistes et des biologistes. Ces disciplines vont apporter la démarche « qualité » qui permet de s'assurer de l'excellence du produit fabriqué – médicament ou instrument – dorénavant appelé « dispositif ». Outil de la diffusion du savoir quand il s'agit de produire et de diffuser au plus grand nombre, cette industrie a pris véritablement son essor en 1945.

L'Angleterre et les États-Unis, dont la puissance industrielle s'est développée avant la nôtre, ont compris alors son importance et pris les devants.

Le développement des instruments radiologiques nécessitait l'intervention de l'industrie, mais on ne pouvait pas se priver non plus de l'industrie dans la mise au point des différents dispositifs de biologie, d'imagerie médicale, dans celle encore des antibiotiques, antihypertenseurs, corticoïdes, puis dans l'élaboration des médicaments à visée psychiatrique, antidépresseurs, antipsychotiques, tranquillisants.

En Suisse, au Royaume-Uni, en Allemagne, aux États-Unis, les industriels ont établi des liens étroits avec le milieu universitaire et savant, pour le plus grand profit de tous. En France, au contraire, on a cru que ces deux univers devaient rester séparés par une cloison étanche. Quelle erreur ! Résultat : l'Hexagone est à la traîne, nos laboratoires n'ont pas la puissance de ceux de nos voisins et la technologie médicale made in France a totalement disparu.

Nous avions des atouts en radiologie et dans l'instrumentation de l'imagerie, nous les avons tous perdus. À qui la faute ?

Il était pourtant question d'une manne financière et d'une activité favorable à l'emploi. Mais non. L'État social, l'État-providence ne fait pas bon ménage avec l'industrie de la santé. Il n'est pas « juste » de gagner de l'argent avec la maladie des autres dans un pays catholique, contrairement aux pays protestants qui se positionnent différemment.

Aujourd'hui, certains font la guerre à l'industrie, est-ce bien réfléchi ? Nous avons besoin d'elle ! C'est une force économique majeure que bien des pays ont su utiliser. Les relations de confiance sont plus productives que la suspicion. Est-il trop tard pour trouver un mode opératoire raisonnable avec elle ? L'évaluation médicale, consciente et mesurée, est sans aucun doute la voie à privilégier. Les essais sur les patients qui permettent l'évaluation des produits industriels ne devraient pas être sous la seule responsabilité de l'industrie, comme c'est le cas en France actuellement. La révolution de l'efficacité médicale apportée par l'imagerie et la biologie a permis de passer du diagnostic empirique, réalisé par un individu clinicien, au diagnostic de certitude d'une équipe de cliniciens pluridisciplinaire.

Le médicament a apporté des solutions de guérison sans nécessité de recourir à la chirurgie. Le chirurgien n'avait plus le monopole de la guérison, tous les médecins pouvaient l'apporter désormais. Ils étaient même en mesure d'intervenir sans incision grâce à des instruments capables de pénétrer dans les conduits digestifs, bronchiques ou dans les vaisseaux sanguins. Bien sûr, la chirurgie profita elle aussi de ces progrès : l'imagerie lui a permis de voir les lésions à opérer avant de décider d'intervenir. Il ne s'agissait plus de tenter l'opération avec tous ses aléas, il fallait la réussir, et on en avait désormais les moyens ! L'urgence n'était plus de mise, il fallait prendre le temps de la perfection.

Cette révolution nous a apporté une médecine plus efficace mais aussi plus coûteuse. Le médecin, cet artisan, va devenir le médiateur entre le patient et l'industrie. Qui, en 1945, perçoit, dans l'euphorie des victoires thérapeutiques, que la médecine va se dresser comme un acteur économique d'importance ? La médecine allait transformer les comportements d'une société éberluée par les découvertes et leurs résultats.

La bonne utilisation des machines

Tous les organes fonctionnent en silence. Le cerveau, lui, veille. Il s'informe à l'extérieur. Il s'informe à l'intérieur. Son rôle est de savoir, de s'adapter, de diriger. Réactif, il est le seul à penser, le seul à parler. Il façonne la personnalité du bien portant. Les organes se réfèrent à lui à la moindre occasion. Quand ils ont mal, c'est lui qui crie. Quand il a peur, les jambes flageolent, la main tremble, la peau a la chair de poule, le cœur bat la chamade, le souffle est coupé, la gorge est serrée, la diarrhée n'est pas loin.

Le cerveau du malade est l'interlocuteur du médecin. C'est entre eux deux que se joue le pacte de confiance. Ce n'est pas tâche aisée, car le cerveau est sans cesse stimulé, inquiété, aujourd'hui plus que jamais.

Le malade est toujours attiré par la nouveauté, parfois jusqu'à la dépendance, mais il se méfie de plus en plus des risques. Le progrès scientifique est destiné à tous, les produits, les techniques industrielles tiennent le monde. L'ordinateur, le portable, la tablette apportent le savoir, l'intelligence à tous, dans tous les domaines, y compris celui de la santé.

Comment cet apport peut-il convenir à chacun d'entre nous, alors que nous sommes tous différents ?

Il doit s'adapter, là est le bouleversement attendu, et de la même façon en biologie : une mécanique commune à tous, qui doit se personnaliser pour s'humaniser.

C'est à cet avenir riche de techniques médicales toujours renouvelées que le médecin doit se préparer. Mais son labeur se révèle semé d'embûches : d'un côté, l'industrie le pousse ; de l'autre, la bureaucratie et son fatras l'écrase avec des tâches qui lui prennent du temps et l'écartent de sa mission. Dans la salle de consultation, l'ordinateur trône au milieu du bureau, empêchant les échanges de regards entre médecin et patient. N'en est-ce pas un usage un peu étonnant, voire excessif ? À croire que la machine est devenue à la fois le malade et le médecin, le juge et le décideur. Certes elle montre les images et les chiffres, affiche les recommandations, rappelle les précautions, les interdits et les risques, elle rédige l'ordonnance, le certificat de transport et l'arrêt de travail. Que peut-on demander de plus ? Pourquoi l'ordinateur ne fait-il pas aussi la consultation ? Où sont donc passés le médecin et le patient ? Ils s'effacent peu à peu. Tout est réglé pour eux. De quoi ont-ils à se préoccuper ? Est-ce avec l'ordinateur qu'il faut signer le pacte de confiance ?

L'avenir inquiète.

– Ne bougeons plus, protégeons-nous, fuyons ! conseillent les adeptes des droits acquis intouchables.

Les rugbymen, hommes de combat, suggéreraient au contraire de revenir aux fondamentaux. Les aurait-on oubliées, ces bases ? Elles se cachent dans la clinique.

Le premier fondement est de se connaître, de s'apprécier pour se faire confiance.

Le deuxième est de différencier immédiatement ce qui est grave de ce qui ne l'est pas.

Le troisième est de savoir si le diagnostic nécessite un recours immédiat aux « machines ».

Le quatrième se juge aux résultats et non pas à l'utilisation des moyens. Une nouveauté pour l'avenir, tant l'habitude est prise de faire les examens avant d'écouter et de regarder. Écouter et entendre pour traduire dans la langue du cerveau scientifique, regarder pour observer, toucher pour saisir, gratter et palper, mobiliser, ausculter. La clinique est un viatique aussi bien pour le malade que pour le médecin. Que de patients, de nos jours, sont stupéfaits d'entendre le clinicien leur révéler le diagnostic après l'examen clinique, avant même d'avoir consulté les résultats des batteries d'examens qu'ils apportent sous le bras !

Avec les nouvelles règles de la médecine telle qu'elle devrait être exercée, l'ordinateur ne devrait plus être posé sur le bureau entre le médecin et le malade.

L'ordinateur doit être remis à sa place, un outil comme les autres, un prolongement de la main, elle-même guidée par le cerveau. L'ordinateur est un livre et, comme tous les livres, sujet à interprétations multiples. Le malade a bien un ordinateur, lui aussi, mais il l'a laissé chez lui… C'est un médecin qu'il est venu voir, à qui il veut parler et dont il attend la solution. Il jugera au résultat. C'est grave, docteur ?

Nos anciens n'avaient que leurs cinq sens pour énoncer le diagnostic et le pronostic, et ils parvenaient très bien à faire la différence entre une lésion de gravité et une atteinte subjective qu'ils nommaient « syndrome fonctionnel »... Nous avons modernisé le terme en « maladie psychosomatique ». Les stress de toute nature, la vie d'enfant, la vie d'adolescent, la vie en famille ou sans famille, les préoccupations diverses, sont perçus et intégrés par le cerveau, comme tous les événements de l'existence. Le cerveau sent ces événements, les ressent et les interprète en fonction des expériences passées et de sa personnalité. Dans nos moments de faiblesse, il réagit et s'exprime parfois en déclenchant du « bruit » dans les organes.

Les symptômes sont très variés et dépendent de l'organe choisi... Le tube digestif, le cœur, la nuque et les enveloppes crâniennes sont ceux qui se manifestent le plus fréquemment. Il est alors absolument nécessaire d'écouter le plaignant, de l'entendre expliquer son malaise, son mal-être, raconter les circonstances de survenue et les symptômes ressentis. Son langage est le fruit de sa personnalité, de son éducation, de sa culture, de son trajet de vie. Traduire ce langage spécifique en savoir médical est le rôle du médecin. Quelques gestes choisis vérifient l'hypothèse et le diagnostic est fait. La maladie psychosomatique est très courante. Tranquilliser le patient immédiatement est suffisant dans les cas les plus simples. Il faudra orienter le malade vers la psychothérapie lorsqu'il est perturbé dans son activité journalière ou enfin, de façon exceptionnelle, vers le psychiatre ou le psychanalyste quand sa vie est paralysée. Les machines sont ici parfaitement inutiles : la maladie psychosomatique leur est inaccessible ! Les médicaments, eux aussi, ont peu d'intérêt, c'est un placebo qu'il faut, et le médecin peut l'être lui-même, comme je l'ai déjà dit.

La clinique et le médecin ont fait le travail et le feront toujours. Lorsque le patient comprend qu'il est écouté et qu'il peut tout dire, il donne sa confiance et retrouve la tranquillité. Le médecin fait preuve de compétence et gagne le respect. La médecine commence là !

Lorsque la maladie est plus sévère, hélas, elle détraque des fonctions et provoque des lésions. Alors, les machines vont être utiles, mais uniquement quand l'examen clinique le demandera, en temps voulu. Le pêcheur ne lance pas son filet au hasard, sinon il ne ramasse que broutilles et détritus, boîtes éventrées et souliers moisis... La clinique ouvre la route, initie le chemin à parcourir. Plusieurs médecins auront à intervenir, mais tous avec le même objectif et le même esprit médical – avec deux cerveaux, celui de la science et celui de l'empathie. Eux aussi sont dans la nécessité de participer au pacte de confiance. L'ordinateur sera capable de lire les images aussi bien que les meilleurs d'entre eux. Leur force n'est pas dans le compte rendu, mais dans la synthèse qu'ils savent faire de toutes les données récoltées. Sans l'approche clinique, ils perdent leurs repères.

L'approche clinique garde ses principes et ses différents temps. D'abord l'écoute, toujours. Des mots vont apparaître, qui éveillent l'attention du médecin.

Le médecin est en premier un traducteur, le traducteur du malade qu'on laisse s'exprimer. Bien guidé, le plaignant qui a lu et interrogé Internet livre les aspects importants de ce qu'il ressent et de ce qu'il sait. La voie des hypothèses commence à s'ouvrir. Le médecin-traducteur peut alors changer de langue et prendre le langage du savoir et sa méthode. Le moment de l'examen, proprement dit, est venu. Le corps se dénude. Le silence s'installe et avec lui le recueillement. Place à l'observation. Le corps va montrer les premiers signes. Puis les mains à l'habileté mille fois entraînée vont toucher, palper et recueillir un ensemble de faits qui focalisent l'attention.

Quelques outils simples permettent de prolonger l'examen et de ramener des éléments supplémentaires. Le raisonnement scientifique et son approche déductive entre alors en jeu. Le corpus de symptômes et de signes est analysé. Des intuitions fulgurantes, fruits du savoir et de l'expérience, apparaissent parfois, fondant les hypothèses classées en ordre de fréquence. Le patient allongé, silencieux, observe depuis le début, sans en perdre une miette, le professionnel en action. Il scrute son visage pour y déceler l'impression et y lire l'inquiétude. La vie est espoir ! Beau travail, grand moment !

« Vous pouvez vous rhabiller » sont les premiers mots.

Les explications courtes et claires viennent à ce moment-là, elles suscitent les questions. Les réponses brassent l'étendue des hypothèses envisagées. Le diagnostic est souvent possible, parfois avec un degré d'incertitude trop grand. Il faudra dans ce cas avoir recours aux machines et aux prélèvements nécessaires.

Les images et les chiffres obtenus conduiront à un diagnostic sûr et à un traitement adéquat.

La nuit, l'angoisse s'immisce plus facilement. Le médecin doit savoir faire la différence entre l'urgence véritable et l'inquiétude des gens pressés, seuls ou isolés. La décence l'exige. Les nouvelles technologies vont aider à résoudre ce que les vieilles méthodes sont incapables de faire. L'hôpital public n'a pas à redevenir une cour des miracles. Les structures sont à séparer et il faut veiller à ce que l'errance nocturne s'humanise. C'est l'application première de la télémédecine : transmettre ses premiers ressentis au médecin dont le visage apparaîtra sur l'iPhone. Humaniser pour maîtriser l'angoisse, développer le pacte de confiance, dans l'urgence ou la solitude.

La clinique est la manifestation de l'approche professionnelle humanisée. Elle est le ciment initial de la relation entre le malade et le médecin. Elle sert à l'industrie pour ses progrès. Menacée par la bureaucratie, elle est la médecine humaine. Réservons-lui la place qu'on lui doit, celle qu'elle mérite : la première, le point de départ de toute pratique médicale.

Mais alors pourquoi les distorsions actuelles et la priorisation des techniques ? Si ce n'est pas la médecine, qui ou qu'est-ce qui demande cette primauté de la machine ? La rémunération de l'acte, la peur du juge, l'insuffisance du clinicien, la temps à ne pas perdre, le désintérêt du médecin, la formation insuffisante ? Tout cela, sans doute. Il est temps de traiter les causes dans l'ordre de leur importance.

– 14 –

MARIE CURIE, LES RAYONS QUI SOIGNENT

Il n'est pas difficile de trouver des hommes scientifiques du XIXe siècle et du début du XXe ayant marqué les esprits de leur temps et du nôtre. En revanche, pendant cette période, une seule femme a égalé les savants d'exception que furent Claude Bernard, Pasteur, Darwin, Mendel ou Röntgen : Marie Curie. Elle est la première femme à avoir reçu un puis deux prix Nobel. Ellc cst la seule scientifique – hommes et femmes confondus – à avoir reçu un prix Nobel dans deux disciplines différentes, l'un en physique l'autre en chimie. En 1903, deux ans après la création des prix Nobel, elle reçoit celui de physique avec Henri Becquerel et Pierre Curie. Les deux hommes furent d'abord proposés au jury suédois par l'Académie française des sciences… sans Marie Curie. Elle doit à l'intervention de son mari d'avoir été ajoutée in extremis. L'influence des femmes dans la santé s'est étendue à partir d'elle et grâce à elle.

S'il fallait une preuve, Marie Curie a démontré qu'une femme aussi pouvait être capable des plus grandes innovations-ruptures scientifiques et médicales. Il faut dire qu'avant sa naissance, les femmes n'avaient pas la possibilité de faire de telles découvertes ou d'inventer des techniques médicales salvatrices, puisqu'elles n'avaient même pas le droit de s'inscrire en faculté de médecine et donc de devenir médecins ! L'interdiction était inscrite dans la loi en France depuis 1270, date de la création des universités. La loi sera appliquée et respectée pendant six siècles, jusqu'au milieu du XIXe. Elle correspondait à l'esprit du temps, patriarcal et rétrograde : le sexe « faible » était essentiellement voué au service de l'époux, à la tenue de la maison et à l'éducation des enfants. Ces idées sur la nature, la place et les études des femmes étaient largement partagées dans tout le monde occidental, des pays de l'Est jusqu'aux pays anglo-saxons.

En 1868, cinq femmes ont enfin la permission impériale de s'inscrire à la faculté de médecine de Paris. Jusque-là, les femmes étaient soignantes, responsables des tâches infirmières et surveillantes, accompagnantes des derniers moments, organisatrices des sépultures. Impossible de les imaginer médecins, la science n'était pas de leur domaine, voyons ! Elles étaient confinées aux tâches dites féminines, qui finalement recouvrent tous les devoirs d'humanité. Dans les sociétés des temps anciens, il semblait naturel qu'elles soient proches des malades, serviables et compassionnelles, les sciences étant absentes ou balbutiantes. Nous avons pris l'habitude, stupidement, d'appeler les potions ou décoctions données aux malades en quête d'efficacité « remèdes de bonne femme ».

Des femmes médecins ?

Les savoirs – sciences, mathématiques, physique et chimie – étaient donc réservés aux hommes. Le muscle, la force, le pouvoir masculin prévalaient, dominaient, faisaient la loi et l'imposaient. La nature paraissait les prédestiner à ce rôle… On peut cependant trouver de très rares exceptions : une ou deux civilisations ont ouvert la profession médicale à quelques femmes, particulièrement dans les domaines de l'obstétrique et de la gynécologie. Méryt-Ptah, grande prêtresse égyptienne d'il y a trois mille sept cents ans, est considérée comme la première femme médecin. Elle est représentée dans une nécropole à Saqqarah.

Chez les Grecs du IVe siècle avant Jésus-Christ, Agnodice est une femme réputée qui a pu légalement pratiquer la médecine après son procès : elle s'était fait passer pour un homme afin de pouvoir exercer, avant d'être dénoncée puis jugée !

Au Moyen Âge, hommes et femmes pouvaient apprendre la médecine ensemble à Salerne et à Bologne. Tortula de Salerne et Dorotea Bocchi ont laissé des traces de cette période.

Saint Louis est accompagné en 1249 dans sa croisade par une fameuse « chirurgienne », alors qu'à cette époque, la chirurgie était un métier de force, qui ne pouvait être que masculin.

Ce sont là quelques rares exemples de la pratique des femmes en médecine, il y en a d'autres sans doute, mais ce furent toujours des exceptions.

En France, même la Révolution n'y changea rien : les droits établis sont difficiles à modifier. Pierre-Jean-Georges Cabanis, médecin et philosophe proche de Mirabeau, membre du Conseil des Cinq-Cents sous le Directoire, ouvert aux idées nouvelles, proposa des solutions sur la bienfaisance privée et publique, la réforme des hôpitaux et l'enseignement médical. Soigner, aider, avait pour lui un but : remettre en activité celui que la maladie, la délinquance ou la pauvreté frappait et excluait. Il développa un discours sur l'empathie, discours favorable aux femmes, sans pour autant proposer qu'elles puissent devenir médecins. Pour lui, la souffrance, la maladie, le handicap apitoient, déclenchant un sentiment proche de la pitié, ils suscitent de la compassion, et c'est ce sentiment qui pousse à porter secours. Les femmes sont pour lui plus réceptives que les hommes, plus ouvertes à cette sensation. C'est avec cet argument que Cabanis, proche du Premier consul, réussit à convaincre Bonaparte de réinstaller les bonnes sœurs dans les hôpitaux. Elles en avaient été chassées dix ans plus tôt parce qu'elles faisaient partie du clergé et avaient été remplacées par un service peu empathique et chapardeur mis en place par la République, service qui n'avait d'ailleurs jamais fonctionné. Empathie, affection, compassion ont été pendant des siècles les seules armes médicales des femmes, à l'image de la mère qui inspire confiance.

Ces armes sont essentielles, mais ne représentent pas l'apanage des femmes ! Elles sont en tout cas indispensables dans l'accompagnement des derniers moments de la vie, lorsque la finitude des corps reprend les commandes. Sous des formes modernisées, cela reste aujourd'hui des armes sobres parfois oubliées et absolument nécessaires à ceux qui perdent espoir et ont besoin de se sentir soutenus dans les combats à mener.

*

*   *

Les relations de la médecine avec les femmes connaîtront enfin leur révolution au cours du XIXe siècle. Le bouleversement allait survenir au moment où Marie Curie voyait le jour à Varsovie, en 1867… La révolte a pris naissance dans l'esprit de quelques femmes à une époque propice au changement : l'industrialisation naissante, les progrès fulgurants des sciences et des techniques, la révolution économique. Dans le même temps, les progrès du savoir en médecine, l'approche et la formation anatomoclinique des médecins transformaient l'art et les pratiques médicales. Les mentalités, les conventions, les habitudes immuables pouvaient commencer leur lente et profonde mutation.

Le changement viendra des États-Unis et d'Angleterre, premiers pays industrialisés où une forme nouvelle de pauvreté s'installait. Pouvoir gagner sa vie en se libérant de la tutelle omnipotente des hommes va être un des principaux moteurs qui conduiront les femmes vers de nouveaux acquis. Deux femmes anglaises de progrès, de talent, influentes, vont en être les instigatrices.

La première, Florence Nightingale, née en 1820 dans une riche famille de la haute société britannique, reçoit une solide éducation. Elle parle quatre langues – l'anglais, le français, l'allemand et l'italien –, elle est instruite en histoire et en philosophie. Elle est aussi particulièrement douée pour les mathématiques, et son père, un des pionniers de l'épidémiologie, décide de l'initier aux statistiques.

À l'aide de ses diagrammes, Florence Nightingale va être capable de montrer aux parlementaires britanniques la fréquence des causes de mortalité dans les populations appauvries, délaissées, soumises à l'indifférence générale. Elle perçoit l'importance de la mauvaise hygiène et de la sous-alimentation dans le développement des infections et des épidémies. Elle porte également son attention sur l'armée : avant même d'avoir combattu, les soldats meurent par milliers pendant la guerre de Crimée. Elle remarque immédiatement que le système de santé militaire français, hérité de Larrey, est de bien meilleure qualité que celui des Anglais. Alors, elle met en place le drainage des lieux fétides, impose une meilleure hygiène, développe une alimentation plus saine, organise l'immédiateté des soins aux blessés.

Un peu plus tard, au cours de ses voyages en France et en Allemagne, Florence Nightingale découvre que les bonnes sœurs de toutes confessions sont meilleures soignantes que les infirmières anglaises. Elle va alors consacrer sa vie à la formation des infirmières, usant de son influence sur les ministres de son pays pour obtenir les moyens de le faire. C'est à ses yeux un combat social : amélioration des soins pour les plus démunis, et action victorieuse pour le développement des femmes dans le domaine des métiers de la santé.

En 1860, elle écrit *Notes on Nursing* – Notes sur les soins infirmiers –, un manuel de formation des infirmières et des sages-femmes. La même année, elle ouvre l'école de formation Nightingale, rattachée aux King's College de Londres, et en confie la direction à sa sœur. L'Américaine Linda Richards, une de ses élèves, fondera à son tour des écoles d'infirmières aux États-Unis peu après 1870. Le niveau des soins infirmiers à travers le monde s'est ainsi mis sur la voie du progrès sur ces bases rigoureuses. Les infirmières anglaises doivent leur science à une féministe de haute lignée.

Aujourd'hui, les infirmières canadiennes pourraient bien être les mieux formées. Leur savoir en statistiques les rend aptes à manipuler les données épidémiologiques utiles à leurs pratiques.

La seconde femme instigatrice du progrès, Elizabeth Blackwell, anglaise de naissance, sera en 1849 la première femme à obtenir le titre de médecin aux États-Unis.

Elle connaît une enfance heureuse et studieuse à Bristol, dans une atmosphère familiale convaincue que chaque enfant doit trouver dans l'éducation l'épanouissement de ses talents et de ses différences. Des émeutes survenues en 1830 dans sa ville obligent son père, directeur d'une raffinerie de sucre, à quitter l'Angleterre. Toute la famille émigre à New York, où une nouvelle raffinerie est fondée. Les difficultés commencent alors : la famille militante est opposée au commerce des esclaves qui, pour la plupart, sont coupeurs de cannes à sucre et participent donc largement à cette industrie. La raffinerie new-yorkaise est ravagée par un incendie, il leur faut tout recommencer une fois encore, et les conditions sociales de culture de betteraves sucrières dans l'Ohio leur paraissent plus acceptables…

La famille déménage alors à Cincinnati mais, à peine arrivé, le père décède brutalement, provoquant par sa mort une situation financière précaire qui oblige Elizabeth à gagner sa vie. Cincinnati est une ville conservatrice, peu encline à comprendre les changements sociaux que la jeune femme appelle de ses vœux. Toujours aussi déterminée, elle ouvre une école pour esclaves. Les temps sont difficiles et elle subit échecs sur échecs, ses positions radicales sont mal perçues. Malgré tout, ses convictions sociales et féministes se renforcent. La médecine lui paraît être la voie à suivre. Une de ses amies, probablement atteinte d'un cancer de l'utérus, lui confie que si elle était prise en charge médicalement par une femme, cela rendrait sa condition plus acceptable. Sous la tutelle d'un médecin de Charleston de bonne réputation, Elizabeth se plonge dans les livres de médecine. Deux ans plus tard, elle essaie sans succès de s'inscrire dans une faculté de médecine de renom. Elle n'est acceptée que par une école moins prestigieuse à New York, où elle poursuit finalement ses études. Elle finit première de sa promotion et obtient son diplôme. Vingt ans de luttes féministes passent… En 1868, elle fonde à New York un collège médical réservé aux femmes puis revient à Londres, où elle devient la première femme médecin de Grande-Bretagne et fonde, avec Florence Nightingale, la London School of Medicine for Women.

Les portes des universités s'entrouvrent

Dans les années 1860 en France, la politique éducative publique se modernise sous l'impulsion du ministre Victor Duruy. Dans les dernières années du second Empire, en 1865, des cours pour les jeunes filles qui souhaitent préparer le baccalauréat sont ouverts à la Sorbonne. Grand succès. Dans le même temps, Paris est un haut lieu du savoir médical, les grands noms de la médecine y sont nombreux. C'est à cette période que quelques Anglo-Saxonnes et ardentes féministes tentent de s'inscrire à la faculté de médecine parisienne pour s'asseoir sur les mêmes bancs que les garçons. Mary Putnam, pharmacienne américaine, intéressée par la chimie, est la première à y présenter sa candidature, en 1866. L'année précédente, la Française Madeleine Brès était venue s'entretenir avec le doyen Charles Adolphe Wurtz : elle voulait devenir médecin mais n'avait pas le baccalauréat. Le doyen l'encouragea et la conseilla. Deux ans plus tard, devenue bachelière, elle posa enfin sa candidature.

Ces demandes pressantes de Mary Putnam et de Madeleine Brès sont un sujet polémique pour les membres du conseil de la faculté, et donnent lieu à des discussions ardentes entre les professeurs de médecine. Certains, étouffés par des générations de domination masculine, sont férocement persuadés que les femmes, par leur nature même, leur sensibilité faite d'esthétisme, de beauté et de séduction, ne doivent pas exercer un métier scientifique et physiquement lourd. Parmi ceux-là, qui pensent que la profession médicale doit continuer à être réservée aux hommes, on trouve quelques médecins parmi les plus célèbres comme Charles-Pierre Denonvilliers, Alfred Hardy ou Alfred Vulpian.

En conséquence, le conseil de la faculté se prononce à l'unanimité contre l'inscription des candidates ! Le doyen Wurtz y est lui favorable, il convainc le ministre de persuader l'impératrice Eugénie de passer outre à la décision du conseil. Celle-ci convoque et préside en personne un Conseil des ministres… qui finit par ouvrir l'inscription aux femmes.

En 1868, trois étrangères qui ne peuvent pas suivre les cours de médecine dans leur propre pays s'inscrivent à Paris : Mary Putnam, une Américaine née à Londres, Catherine Gontcharrof, une Russe, et Elizabeth Garret, une Anglaise. Elles sont rejointes par la Française Madeleine Brès.

La première thèse à être soutenue par une femme est celle d'Elizabeth Garret en 1870. Madeleine Brès passera la sienne en 1875. À cette date, Paul Broca et

Louis Landouzy sont devenus partisans d'accepter les inscriptions des jeunes femmes volontaires. Pendant plus de vingt ans, les Françaises sont minoritaires. À la rentrée de 1887, cent quatorze femmes sont inscrites en faculté : douze Françaises, soixante-dix Russes, vingt Polonaises, huit Anglaises, une Américaine, une Autrichienne, une Grecque, et une Turque !

Peu à peu, les professeurs de médecine se font à l'idée que les femmes sont aptes à devenir médecins. Charcot donne son avis : il y est favorable, mais il considère que seules des femmes exceptionnelles en ont la capacité. Esprit obtus et rétrograde ? À cette époque, Charcot a pourtant déjà réalisé sa grande œuvre scientifique fondatrice de la neurologie. Il découvre des maladies dont il décrit les symptômes et les lésions neurologiques dans le cerveau, la moelle et les nerfs périphériques, sans toutefois en connaître les causes et sans moyens de les trouver. Son travail est reconnu par tous, son influence médicale est immense, et il devient un consultant international qui examine et traite nombre de malades célèbres. Sa clientèle est mondiale, elle s'étend de Paris à Saint-Pétersbourg, et sa notoriété déborde largement le monde de la médecine. Quand le savant passe le porche de l'hôpital de la Salpêtrière, la cloche sonne à toute volée : tout le personnel médical doit l'attendre à l'entrée du service. Il serre la main de l'agrégé, deux doigts du chef de clinique, un doigt de l'interne. Le reste de l'assistance doit se contenter du regard qu'il veut bien leur jeter. Il est la star et l'autorité suprême, l'élu de multiples Académies. Un brin mégalomaniaque, il faut bien le dire.

Après avoir découvert les lésions dans le cerveau liées à des maladies neurologiques, Charcot s'intéresse à l'hystérie. À sa grande surprise, il ne trouve pas de lésions. La maladie et ses manifestations étonnantes le séduisent. Les malades, le plus souvent des jeunes femmes, ont des personnalités suggestives qui le subjuguent. La Salpêtrière devient alors un théâtre, le maître organise le spectacle en véritable show man. Le public accourt, il est choisi et doit retenir sa place. L'hypnose, les hystériques vedettes aux poses suggestives qui tombent en pâmoison sous l'influence du maître de cérémonie font le clou du spectacle. Photographes et peintres sont présents. Le Tout-Paris est fasciné mais les impressions sont mitigées. Sur les bancs de l'assistance se trouve le jeune Sigmund Freud, élève assidu de Charcot sans que l'on sache bien s'il a été totalement son adepte. Homme de progrès, Charcot n'était pourtant pas progressiste et ne fut d'aucune aide dans le combat des femmes pour devenir médecins : il préférait les exposer malades dans ses démonstrations publiques plutôt que de travailler avec elles.

L'Américaine Augusta Klumpke est la première femme à être admise au concours de l'internat des Hôpitaux de Paris en 1886, à sa seconde tentative. La première fois, elle a obtenu d'excellentes notes à l'écrit, mais a été collée à l'oral. Elle devient neurologue et épouse en 1888 Jules Dejerine, qui succédera plus tard à Charcot à la Salpêtrière. Elle accompagne son mari dans ses recherches, puisqu'elle ne réussit pas à obtenir un poste officiel, universitaire ou hospitalier. Le couple rédige et cosigne en 1895 les deux tomes d'*Anatomie du système nerveux*, livre phare de la neurologie débutante. Lorsque pendant la Première Guerre mondiale, les femmes remplacent les hommes partis au combat, Augusta Klumpke-Dejerine devient présidente de la Société française de neurologie. Elle dirige à la Salpêtrière un service de blessés de guerre de trois cents lits consacrés aux blessés des nerfs périphériques et de la moelle épinière. Elle meurt en 1927 et André Thomas, une étoile de l'époque, prononce son éloge funèbre en la classant parmi les grands neurologues de son temps.

Thérèse Bertrand-Fontaine sera, en 1923, la première femme agrégée de médecine, la première femme médecin des Hôpitaux de Paris en 1930, puis la première titulaire élue à l'Académie de médecine en 1969.

Ces femmes ont ouvert une voie encore longue à parcourir. Aujourd'hui, le nombre de femmes académiciennes se compte toujours sur les doigts des deux mains, parmi une assemblée de cent hommes !

Grâce à Marie Curie, les mentalités ont évolué

L'accès des femmes au métier de médecin a été difficile, un chemin tortueux semé d'embûches, car il fallait combattre des idées reçues depuis des siècles, abattre des préjugés, transformer des mentalités, bousculer des situations acquises chèrement défendues.

Malgré le talent et la combativité des femmes britanniques, pionnières influentes, ce changement si nécessaire est fondamentalement lié à la personnalité de Marie Curie, génie scientifique riche d'humanité. Les possibilités intellectuelles de cette scientifique et sa générosité étaient inégalables, elle reste un modèle pour beaucoup d'entre nous. Par la force de son travail et son opiniâtreté, elle a pu atteindre le sommet de ses aptitudes. Avec son mari, Pierre Curie, génie scientifique comme elle, elle est à l'origine de la découverte de la radioactivité et de l'extraction du radium et du polonium, en 1898, trois ans à peine après la découverte des rayons X par Röntgen. Elle découvre aussi l'usage des rayons radioactifs au service des malades.

À la fin du XIXe siècle et au début du XXe, l'œuvre et les motifs de cet être d'exception au travail acharné furent un puissant détonateur, même si elle n'avait pas de velléités féministes. Elle a démontré qu'en matière de science l'esprit d'une femme pouvait être aussi novateur que celui d'un homme. Elle a modifié les mentalités, les relations et les conceptions humaines. Elle a été capable de découvrir des fondements scientifiques, tout en veillant à leurs applications bénéfiques en guérissant des malades. Améliorer la vie de ceux qui souffrent était, depuis son plus jeune âge, sa plus grande aspiration. Pierre Curie la fit revenir en France par amour, pour qu'elle puisse consacrer sa vie à la recherche, à son organisation et à ses applications. Nous bénéficions encore des changements essentiels que ce couple a apportés à notre société. Marie Curie a ouvert le monde des sciences aux femmes. Elle a transformé la vie des malades cancéreux, tout en sachant que les risques qu'elle encourait avec la radiothérapie finiraient par l'emporter.

Maria Salomea Skłodowska est née à Varsovie. Dernière d'une fratrie de cinq enfants, elle est issue d'une famille cultivée mais sans grandes ressources financières. Sa mère, directrice d'école, est une catholique convaincue et ardente pratiquante. Son père, professeur de mathématiques, est un juif converti au catholicisme. La Pologne se trouve alors, et depuis cinquante ans, occupée par la Russie, mais l'influence russe est mal vécue par cette famille qui sent disparaître l'âme polonaise et sa civilisation : Marie est élevée dans une atmosphère de résistance intellectuelle.

La certitude qu'elle doit consacrer sa vie à l'éducation des jeunes Polonais, particulièrement ceux des milieux défavorisés, naît très tôt en elle. Douée pour les études, toujours en tête de classe, elle apprend cinq langues : le polonais, le russe, l'allemand, l'anglais et le français qu'elle parle avec un fort accent dont elle aura du mal à se départir. En raison de son opposition à la présence russe, la famille connaît des problèmes financiers et des difficultés d'insertion professionnelle. Le père est mis à la porte de l'école où il travaillait, certainement pour des raisons politiques. Ils doivent déménager en banlieue où les conditions de logement sont plus accessibles à leur budget limité.

En 1876, la sœur aînée de Marie, âgée de treize ans et avec qui elle s'entendait particulièrement bien, meurt en quelques jours à peine du typhus, maladie infectieuse transmise par les tiques, les puces et les poux. Sa mère décède en 1878 d'une tuberculose. Marie a alors dix ans. Si elle ne connaît pas la misère, elle doit sans doute faire face à une réelle pauvreté. La mort de ces deux êtres chers la pousse à se dépasser, la motive pour être la meilleure élève en toutes les matières de son école et obtenir à la fin de ses études secondaires, en 1883, la médaille d'or. Elle est invitée par des cousins plus fortunés à passer chaque année d'heureuses vacances où elle découvre les joies des soirées entre jeunes. Elle se révèle une danseuse agréable et remarquée, elle plaît beaucoup.

Elle a l'intention de devenir enseignante à l'Université volante, école illégale qui cherche à éduquer le peuple polonais en opposition à la russification mise en place par les autorités. Elle doit donc faire des études supérieures et ne peut les suivre qu'à l'étranger : les jeunes filles polonaises n'ont pas le droit de s'inscrire à l'université. Comme sa famille n'a pas les moyens de lui payer des études coûteuses, elle doit trouver un travail. À dix-huit ans, elle devient gouvernante dans des familles fortunées. Son salaire lui permet d'économiser pour se payer des études dans le pays qui a sa préférence : la France.

Dans l'une des familles où elle est chargée de l'instruction de plusieurs enfants, elle tombe amoureuse du fils aîné. Cet amour partagé conduit les deux jeunes gens à penser au mariage. Les parents du garçon, attachés aux préjugés de la haute société polonaise, s'y opposent catégoriquement. Un fils de grande famille n'épouse pas une gouvernante !

Le jeune homme, incapable de s'opposer à son père, rompt sa relation amoureuse. La déception de Marie est immense, ses projets s'effondrent, elle vit pendant un an dans la douleur. Sa sœur Bronia, de trois ans son aînée, déjà étudiante en médecine à Paris, la sort enfin de sa dépression. Elle a une influence décisive et la décide à s'inscrire en licence de sciences à la Sorbonne. Elle vient même la chercher à Varsovie et l'héberge chez elle, près de la gare du Nord, avec son mari polonais, lui aussi formé à la médecine à Paris.

Marie a alors vingt-quatre ans et ses études l'accaparent. Elle y consacre tout son temps, elle en oublie même parfois de se nourrir. Elle reste un an chez sa sœur, puis s'installe dans le Quartier latin afin d'éviter l'heure de trajet nécessaire pour se rendre à l'université. En 1893, elle décroche sa licence de physique, première de sa promotion. Ce succès lui fait obtenir une bourse de six cents roubles qui lui permet de rester à Paris.

Remarquée, elle intègre le laboratoire de recherche en physique à la Sorbonne dirigé par Jonas Ferdinand Gabriel Lippmann, qui compte vingt-cinq chercheurs. Lippmann est titulaire de la chaire de calcul statistique et de physique mathématique, il confie à Marie le magnétisme comme sujet de recherche. Pierre Curie, de huit ans son aîné, travaille lui aussi sur le sujet. C'est un scientifique déjà connu pour ses travaux techniques sur la piézoélectricité, la propriété de certains corps de se polariser électriquement sous l'action d'une force. Avec son frère, Pierre a mis au point un instrument de mesure de courant électrique très faible. Il est titulaire d'un poste de chef de travaux à l'École municipale de physique et de chimie industrielles. Marie et Pierre font connaissance, s'apprécient, travaillent côte à côte. Ils mettent en commun leurs idées, leurs résultats et partagent leurs rêves humanitaires. Leur relation se noue autour de leurs passions scientifiques.

En août 1894, la jeune Polonaise obtient sa licence de mathématiques mais n'arrive que deuxième de sa promotion ! Toujours patriote, et malgré l'attachement naissant et déclaré de Pierre, elle regagne Varsovie pour se rapprocher de son père et de ses sœurs… Elle a toujours l'objectif de se consacrer à sa vocation d'enseignante polonaise à l'Université volante.

Pierre Curie ne supporte pas cette séparation et il la presse de revenir à Paris pour vivre avec lui. Elle tergiverse, il insiste. Il s'ouvre de ses sentiments à la famille de Marie. Cernée de toutes parts, sur les conseils de ses sœurs et avec la bénédiction de son père, celle-ci ne peut résister plus longtemps à l'appel de Pierre… et de la science parisienne. Elle retourne au bord de la Seine au bout de quelques mois, mais toujours marquée par les traces douloureuses de sa première relation amoureuse, elle ne rejoint pas immédiatement le domicile de Pierre. Ils travaillent néanmoins ensemble. Marie pousse Pierre à passer sa thèse de physique grâce à laquelle il obtient une chaire spécialement créée pour lui à l'École municipale. Finalement, ils se marieront à Sceaux en juillet 1895, sans échange d'anneaux. Pierre est libre penseur et Marie, depuis la mort de sa sœur et de sa mère, paraît avoir perdu l'essentiel de ses croyances religieuses. Ces amoureux de la nature passeront leur voyage de noces à parcourir l'Île-de-France à bicyclette. Le ménage vit au début sans grandes ressources et sans aisance, et si les parents de Pierre sont très présents, leur entourage amical est essentiellement composé de scientifiques.

Marie passe l'agrégation de mathématiques au deuxième trimestre de 1896 : elle est cette fois reçue première. En 1900, elle deviendra professeur à l'École normale supérieure de Sèvres, réservée aux jeunes filles. Mais auparavant, elle va faire sa thèse. Röntgen a découvert les rayons X à peine un an plus tôt et les rayonnements sont à la mode. Becquerel vient de montrer que les sels d'urane impressionnent les plaques photographiques dans l'obscurité : inutile de chercher plus loin son sujet de thèse… Un Écossais découvre que le rayonnement électrifie l'air et l'appareil piézoélectrique mis au point par les frères Curie permet de mesurer ce rayonnement. Mari et femme vont pouvoir continuer à travailler côte à côte dans le laboratoire de la rue Lhomond que Pierre a obtenu de l'École municipale. Tout y est rudimentaire : le sol est en terre battue, les murs sont faits de planches en bois mal jointes, il y fait froid l'hiver et trop chaud l'été. C'est là, dans ce cadre précaire, que la radioactivité va être analysée et mesurée. Impossible pour les visiteurs de croire que ce laboratoire de fortune est le lieu où sont découverts les différents éléments qui rendent les métaux rayonnants !

Les minéraux contenant de l'uranium sont, en effet, rayonnants. Ceux qui contiennent du thorium le sont plus encore. Mais il y a plus intense dans la pechblende et la chalcocite : le polonium et le radium, qui seront découverts et extraits en 1898. C'est ainsi que Pierre et Marie Curie accéderont à la célébrité, eux qui n'aspirent qu'à une vie familiale centrée sur la recherche et l'enseignement, refusant les honneurs et la Légion d'honneur.

Après 1903, Pierre est nommé professeur de physique à la faculté des sciences. Il est chargé de l'enseignement des futurs médecins dans leur première année. Marie, elle, est nommée chef de travaux de la même chaire. Leur nouveau laboratoire se trouve rue Cuvier. Pierre Curie entre à l'Académie des sciences en 1905 à son corps défendant, Marie n'y entrera jamais ! Préjugés des académiciens…

Hélas, le couple n'a plus que deux ans à vivre et travailler ensemble. On peut rêver qu'avec un peu plus de temps, le binôme aurait fini par découvrir la fission nucléaire, origine de la radioactivité. Elle sera finalement décrite en juillet 1938 par une physicienne autrichienne, Lise Meitner, et deux chimistes allemands, Fritz Strassmann et Otto Hahn, qui reçut le prix Nobel en 1944.

Pierre Curie va mourir à quarante-six ans, dans un tragique accident de la voie publique, le 19 avril 1906. Il glisse sur la chaussée mouillée qui sépare le coin de la rue Dauphine du quai Conti, et tombe sous un cheval tirant une charrette dont la roue lui fracasse le crâne. Cette mort atroce est pour Marie l'origine d'un nouveau et immense chagrin, d'un deuil cruel difficile à dépasser. Elle a trente-huit ans et se voue plus que jamais à son travail et à l'éducation de ses deux filles, avec l'aide de son beau-père. Elle succède à son mari à la chaire de physique et poursuit ses recherches. Elle consacrera le reste de sa vie à la recherche scientifique et à dispenser ses bienfaits aux malades et au genre humain en général. Elle aurait pu subvenir à tous ses besoins de recherche si elle avait déposé des brevets pour ses découvertes du polonium et du radium. Mais elle considère que ces découvertes appartiennent à tous.

Dès 1909, elle entreprend pourtant, avec l'aide d'Émile Roux, le successeur de Pasteur, des démarches pour la création de l'Institut du radium, devenu depuis Institut Curie. Il devait comprendre deux laboratoires de recherche nucléaire, l'un de physique, l'autre de chimie, et un établissement de soins centré sur la radiothérapie dirigé par Claudius Regaud. Les travaux commencent en 1911 mais l'inauguration n'aura lieu qu'en 1920, la guerre ayant retardé l'événement. Marie Curie ne fera plus de grande découverte mais démontrera au sein de l'institut ses talents d'organisatrice et de chef d'école.

Les petites curies au bord des tranchées

Pendant la Grande Guerre, l'engagement de Marie à porter secours à l'humanité souffrante prend une autre voie : le sort des soldats blessés devient son principal objectif. Les traumatismes de la guerre sont responsables de terribles lésions lourdement invalidantes, quand elles ne sont pas mortelles. Nous avons beaucoup de peine aujourd'hui à imaginer et concevoir les effroyables blessures des soldats de cette Première Guerre mondiale. Marie Curie va affirmer que les soldats doivent être radiographiés pour que le praticien puisse connaître l'exacte topographie des fracas et guider les actes médicaux. Les chirurgiens sont incrédules, agacés qu'une femme se permette de leur donner des leçons. Au grand étonnement de la scientifique, ils ne connaissent rien aux rayons et à la physique qui secourent les malades. Avec opiniâtreté, Marie va démontrer l'importance de la radiographie en traumatologie de guerre et obtenir le soutien des autorités pour l'utiliser sur les champs de bataille, au grand dam de quelques personnalités médicales dubitatives et récalcitrantes. Ainsi, on va construire des voitures équipées d'un appareil radiographique que l'on appellera les « petites curies ». On y réalisera plus d'un million de clichés. En véritables émules féminines de Larrey, Marie et sa fille Irène, âgée de dix-huit ans en 1915, y seront infirmières et techniciennes.

Une notoriété mondiale

Marie Curie s'impliquera scrupuleusement dans l'édification de son institut, choisissant même les roses et les tilleuls plantés sur le terrain qui sépare les locaux de recherche et ceux consacrés aux soins. Elle dirige dans cet institut la recherche fondamentale et Claudius Regaud s'occupe plus spécifiquement de la partie médicale. Il règne en ces lieux une entente parfaite entre tous. « Du lit à la paillasse », l'expression consacrée aujourd'hui pour définir la recherche médicale, aurait pu être trouvée par Marie Curie : en tout cas, elle l'a mise en pratique.

Dans ses deux laboratoires de recherche, elle accueillera des chercheurs de tous les coins du monde. Elle suivait personnellement les travaux de chacun et entretenait des relations scientifiques régulières avec les savants les plus renommés.

La notoriété de Marie Curie est désormais mondiale. À deux reprises, les associations de femmes américaines lui donnent un million de dollars, un pour ses recherches, l'autre pour créer l'Institut du radium de Varsovie. Le radium est sa gloire. Tout à fait à son insu, les vertus du radium deviennent une sorte de panacée. Rajeunir, améliorer la peau, les muscles, le squelette ; ces capacités de tous ordres font produire et vendre des eaux, des pommades, des onguents et toutes sortes de produits imprégnés de radium aux effets merveilleux. Un temps même, on attribua aux rayonnements les manifestations incompréhensibles du spiritisme !

Le radium rayonnait mais… il s'attaquait aussi à la santé. Marie le découvrit trop tard. Elle s'en était protégée insuffisamment et fut emportée par une leucémie, le 4 juillet 1934, dans un sanatorium de Passy.

Rayons contre cancers

Röntgen avait ouvert la voie des rayonnements que Marie Curie développa. Traiter les malades, particulièrement ceux atteints d'un cancer, était l'objectif prioritaire de la première grande dame scientifique. La radiothérapie a été la première application médicale de sa découverte sur la radioactivité. Avant cette invention, les cancers étaient traités par les chirurgiens : l'ablation d'une tumeur maligne débutante, qui n'a pas dépassé ni infiltré la capsule et atteint les ganglions environnants ou les enveloppes d'un organe, peut en effet conduire à la guérison. La chirurgie est une méthode locale de traitement des cancers. La radiothérapie est une méthode qui permet la destruction des cellules cancéreuses. L'approche est donc locorégionale et dépend de la radiosensibilité des cellules cancéreuses. Il y a des cancers très radiosensibles – le séminome testiculaire, par exemple.

À l'opposé, il y a des cellules cancéreuses qui sont très peu radiosensibles, comme dans la plupart des cancers pulmonaires. Le radium a ensuite été dépassé par le cobalt, qui est lui-même dépassé aujourd'hui. Le ciblage du rayonnement focalisé sur les cellules cancéreuses s'est considérablement amélioré, tout comme les doses à délivrer dans un espace à trois dimensions visées. Les résultats s'améliorent toujours, surtout depuis que l'ordinateur est capable de calculer exactement les doses délivrées à tous les tissus environnant la prolifération cellulaire maligne. Enfin, le rayonnement peut être ciblé non plus uniquement depuis l'extérieur du corps humain mais également depuis l'intérieur. La main chirurgicale peut mettre le matériel rayonnant in situ, dans la curiethérapie. L'irradiation peut être aussi réalisée par voie sanguine en marquant un matériel biologique qui conduit le rayonnement à l'intérieur des cellules à irradier. Certains cancers thyroïdiens sont ainsi traités par l'iode radioactif. Les travaux de Marie Curie ont donné naissance à deux disciplines médicales, l'une axée sur le diagnostic, la médecine nucléaire, l'autre fondée sur le traitement, la radiothérapie.

Il reste cependant de nombreux progrès à faire dans l'approche cancérologique, car il n'existe pas un seul type de cancer mais des cancers multiples, liés à la multitude de facteurs intervenant dans les causes de chacun d'entre eux : l'âge, la génétique, la nutrition, l'environnement, le tabac, les drogues, les irradiations. Et tous les mécanismes responsables du déclenchement de la dérégulation du noyau cellulaire ne sont pas encore connus. Les traitements sont multiples et encore insuffisants. Les découvertes de Marie Curie ne s'attaquent pas aux causes, elles ont ouvert des voies utiles, elles ont engendré des techniques qui permettent d'affiner le diagnostic de cellules malignes et leur traitement par leur destruction.

La confiance médicale par les femmes

Icône scientifique féminine du début du XXe siècle par ses découvertes sur la radioactivité, Marie Curie est à l'origine d'une approche révolutionnaire, diagnostique et aussi thérapeutique, des cancers. Ces découvertes, l'enseignement de Marie Curie – si prisé par les étudiantes de l'École normale de Sèvres ou de la faculté des sciences –, son humanité toujours en éveil sont probablement les raisons de l'admiration que le monde lui a portée dans les dernières années de sa vie. Les réussites scientifiques de Marie Curie sont exceptionnelles, bien sûr, mais il est fondamental de souligner encore une fois son humanité, sa simplicité, son humilité, son acharnement qui font d'elle un exemple à ne pas oublier pour chacun d'entre nous.

Elle a en outre prouvé que les femmes pouvaient être au moins au même niveau que les hommes dans les matières scientifiques et médicales. Jusqu'en 1960, ces derniers sont restés très largement majoritaires parmi les inscrits dans les facultés, et plus encore dans l'élite hospitalière et universitaire. Depuis bientôt trente ans, dans les quarante-deux facultés de médecine françaises, les filles sont plus nombreuses que les garçons à réussir le concours en fin de première année. Entre dix-sept et vingt ans, elles se montrent meilleures concurrentes que les garçons.

Aujourd'hui, un peu plus de soixante pour cent
des étudiants des facultés de médecine sont des filles.
Au fil des ans, la démographie médicale se modifie.

Dans moins de dix ans, les hommes seront largement minoritaires dans l'exercice de la profession. Cette évolution démographique a un sens.

Mais la question essentielle reste de savoir quels sont les changements qui vont survenir dans le service rendu aux malades. Guérir des maladies mortelles, éviter de graves pathologies sont des acquis de la modernité. En matière de santé, la pensée, les comportements et l'exigence des malades et des bien portants se sont transformés.

La future majorité féminine apportera nécessairement des changements, mais prévoir l'influence de ce renversement est une tâche pleine d'incertitude. On peut imaginer que les femmes donneront un sens nouveau au système de santé et à l'organisation des soins. Elles sauront sûrement défendre les valeurs des relations humaines si nécessaires aux malades et aux familles inquiètes, sans négliger les connaissances techniques si utiles à la médecine de précision. Elles aspireront sans doute à développer le travail en équipe et elles exigeront la mise en place d'un système d'information qui puisse faciliter l'évaluation de leur pratique et de leur formation continue... En somme, elles mettront en place, j'en suis convaincu, un processus de soins capable de redonner aux professions de santé la confiance qui leur est si nécessaire. Une médecine efficace, mesurée et sur mesure, clinicienne avant d'être technicienne, une médecine du juste coût a sans doute bien des chances de pouvoir s'installer avec elles. Il leur faudra combattre la bureaucratie et la mainmise d'une Administration trop intrusive. La médecine du futur, que j'appelle de mes vœux, la médecine empathique et du savoir partagé, créatrice de confiance, pourrait bien être la médecine exercée par les femmes.

– 15 –

ERIC KANDEL, LE CERVEAU MAÎTRE À PENSER

Ésope, esclave phrygien, parlait grec. Il racontait une fable parvenue jusqu'à nous. Un maître demanda à son cuisinier de préparer le repas un jour avec les meilleurs mets et le lendemain avec les pires. Au grand étonnement des convives, des langues en entrée, des langues en plat principal, des langues au dessert furent apportées sur la table aux deux repas. Ésope en donna la raison, associant deux idées que nous trouvons toujours, aujourd'hui, aussi subtiles qu'amusantes… Car il n'y a rien de meilleur que la langue, lien de la vie civile, clé des sciences, organe de la vérité. Mais il n'y a rien de pire que la langue, mère de toutes les disputes, source de divisions, organe de la calomnie.

Il n'y eut longtemps rien à changer à la formulation du fabuliste. Mais, depuis peu, il pourrait bien en être autrement. Le savoir neurobiologique sur le système nerveux a progressé. Le cerveau est le maître à penser, le maître à raisonner, le maître à associer les idées, le maître à décider. Il est devenu le véritable et ultime responsable des meilleures et des pires choses.

Devrait-on demander à Ésope de remplacer dans ses menus les langues par des cervelles ? Ne trouverait-il pas que le goût et l'humour en seraient affadis ? Tout ce qui est trop simple est faux, tout ce qui est trop complexe est inutile.

Les grands cliniciens du XIXe siècle, auraient pu en leur temps proposer un autre conte. Je l'imagine ainsi…

La peau se voit et se touche. Les yeux, les oreilles, la bouche et les autres orifices se regardent et s'observent. Les poumons respirent, le cœur bat, ils s'auscultent. Les reins et la vessie évacuent les urines qui se miraient, se goûtaient et aujourd'hui s'analysent. Les os et les articulations se rompent ou se déforment, ils se mobilisent. Les muscles se mesurent. Le tube digestif se nourrit, fait des bruits et se vide, il se palpe. Le cerveau, lui, derrière sa muraille osseuse, travaille sans bruit, sans arrêt, en secret. Quand les choses vont mal, la douleur est un signe d'alarme pour chacun des organes. Lui, depuis sa boîte noire, il s'en fait le locuteur. Lui n'a pas de douleur qui lui soit propre, il dispose d'une grande richesse de sentiments et d'émotions qui manifestent son état d'âme : peur, colère, joie, tristesse, surprise, mépris, dégoût et bien d'autres encore que poètes et romanciers ont su dépeindre. Le connaître, comprendre ses actions, décrire son fonctionnement est complexe, aussi complexe que décrire la marche de l'Univers. L'autopsie le révélait sans vie. Vivant, il se laisse voir et approcher depuis peu.

Les médecins du passé arrêteraient là leur récit, faute de connaissances suffisantes. Des histologistes avec leurs lames et leurs microscopes, des physiologistes avec leurs électrodes, des cognitivistes avec leurs images et des neurobiologistes moléculaires avec leurs sondes et leurs expérimentations sont depuis venus au secours des cliniciens. Ceux-ci restent au plus près des malades et doivent rapporter leurs observations si utiles aux chercheurs : au fil du temps, les constatations de ces médecins de terrain ont grandement enrichi notre savoir.

Cependant, assurés de ne pas encore pouvoir tout dire au sujet du cerveau, ces cliniciens affirmeraient avec vigueur qu'il est le maître du traitement de l'information, de l'apprentissage, de la mémoire, du langage, des émotions, de la pensée, de la conscience, de notre libre arbitre. Ils nous démontreraient qu'il est à la tête d'un système nerveux dirigeant, coordonnant, hiérarchisant, régulant toutes les activités volontaires, automatiques ou réflexes de tout individu. Ils nous convaincraient qu'il est rigoureux, ordonné, économe, s'adaptant à toutes les situations que la vie nous fait rencontrer lorsque la maladie ne l'a pas atteint, qu'elle soit neurologique ou psychiatrique. Malgré tout le chemin qu'il reste à parcourir dans la connaissance de son rôle et de son fonctionnement, ils certifieraient que tout système de santé s'inspire de ses règles, de ses capacités, de sa sagacité et de ses performances. Renseigné, alarmé par la stimulation de ses récepteurs sensitifs et sensoriels, il est chargé de préparer et d'exprimer les réponses. La motricité par ses mouvements et ses gestes, la parole par son langage sont les voies qu'il emprunte pour cela. Il a mis des millions d'années à constituer son fonctionnement longtemps inconnu au point de considérer jusqu'au siècle dernier qu'il était une « boîte noire ». Vouloir le définir expose à bien des erreurs. Beaucoup de ceux qui se sont attachés à la découverte de ses secrets en ont commis, et il reste tant de travail à accomplir ! Matérialistes et spiritualistes, empiristes et rationalistes n'ont pas fini de se déchirer.

Quand la pensée venait d'une glande…

Dans l'Antiquité, le rôle du cerveau n'était que supputations. L'origine anatomique de la pensée et de l'esprit intéressait les philosophes. Le centre du corps – thorax et abdomen, vraisemblablement le cœur aussi – fut considéré, durant des siècles, comme le lieu de création et de stockage des idées. Hippocrate, encore lui, fut des premiers à affirmer que pensée et mémoire se trouvaient dans le cerveau, qu'il prenait pour une glande… une glande sécrétante sans doute ! Ses arguments ne devaient pas être bien assurés puisque Aristote, un siècle plus tard, n'en fut pas convaincu.

À partir de Galien, la localisation cérébrale de la pensée devient certaine. Deux cents ans après, saint Augustin place le siège terrestre de l'âme dans l'espace circonscrit par les ventricules cérébraux, qu'il imagine vide. Ces ventricules sont pourtant un réceptacle où le liquide céphalo-rachidien passe et circule.

Une quinzaine de siècles passent sans que les idées évoluent à ce sujet…

En 1637, dans son *Discours de la méthode*, René Descartes s'intéresse au cerveau en philosophe scientifique rationnel avec son fameux *Cogito ergo sum,* « Je pense donc je suis. » Pour lui, l'esprit est immatériel, contrairement au corps. Il en conclut que des échanges fonctionnels entre corps et esprit interviennent au niveau de la glande pinéale… Aujourd'hui nous savons que cette glande pinéale se trouve au milieu de l'espace crânien, sous les deux hémisphères, au centre du cerveau. C'est une glande endocrine qui sécrète de la mélatonine, hormone intervenant dans le rythme veille-sommeil. De la pensée, cette glande ne s'est jamais occupée !

L'hypothèse marquante suivante concerne les localisations fonctionnelles cérébrales : une idée géniale, fondement de notre savoir, riche de progrès dans la connaissance des faits médicaux. Franz Josef Gall, médecin viennois et talentueux professeur d'anatomie, travaillait sur la substance blanche et la substance grise. Il est le premier à émettre, peu avant le XIXe siècle, le concept révolutionnaire des fonctions focalisées dans le cerveau. Depuis, de nombreuses découvertes ont démontré la validité de cette intuition.

Malheureusement, à partir de cette idée scientifique pleine d'avenir, Gall s'égare bientôt dans une proposition scabreuse, une erreur, une pseudoscience : la phrénologie ! Il remarque qu'un certain nombre d'étudiants ont le front proéminent, il en conclut qu'en se développant et en fonctionnant, le cerveau exerce une pression sur ses enveloppes. Théorie farfelue qui tiendra une place notoire en France pendant quarante ans au moins.

Il est vrai qu'avant la fermeture des fontanelles, vers le deuxième mois, le crâne est malléable et change de forme : des bosses, des creux, des aspérités apparaissent. La position de la tête dans le berceau tient, sans doute, un rôle dans cette formation. Dans certaines civilisations, la tête des nourrissons était bandée. Dans la région toulousaine, les enfants avaient pour cette raison un crâne « en tour ».

La pensée de Gall se met à déraper sur ce thème… À ses yeux, les différentes fonctions localisées exerceraient des pressions sur le crâne. Il en dénombre vingt-sept : les facultés mentales et psychologiques, l'intelligence, la moralité, les sentiments, les émotions, les qualités, les défauts, les besoins, les envies, etc. Par l'observation et la palpation du crâne, on pourrait ainsi ressentir les bosses et les creux des différentes caractéristiques de chaque personnalité… Un délire que l'on peut percevoir en regardant les cartographies cérébrales et crâniennes arrivées jusqu'à nous.

La phrénologie passionna et impressionna dans la première moitié du XIXe siècle. Vers 1840, toutefois, le médecin et physiologiste français Pierre Flourens effectue des expériences sur des lapins et apporte les éléments scientifiques permettant à l'Académie des sciences de rejeter la phrénologie dans le camp des pseudosciences. Elle est dès lors réservée à quelques charlatans et devient une aubaine pour certains ostéopathes.

L'esprit humain est coriace et la « bosse des maths », qui ne correspond à aucune localisation cérébrale, n'a pas disparu du langage courant.

Symbole d'une capacité, cette « bosse » signifie que certains sont plus doués en mathématiques que d'autres, et que cette aptitude aurait une manifestation physique. Si ce dernier point est inexact, nous n'avons effectivement pas tous les mêmes capacités ! Si nous sommes égaux en droit, la médecine nous a aussi appris que, face aux aptitudes et aux maladies, nous sommes tous différents. Nous méritons chacun une médecine personnalisée ! L'individu est unique, fruit de l'inné, ce résultat de l'évolution, transmis par les gènes des parents, et produit aussi des acquis liés aux événements rencontrés au cours de l'existence. Il est enfin le résultat des apprentissages qu'il a choisi de développer où s'associent aussi bien les données de l'acquis que celles de l'expérience vécue.

Par les corrélations entre signes et lésions cérébrales visibles par les médecins, le concept de localisation des fonctions cérébrales se rétablit. Au temps de Napoléon, les plaies de guerre ont permis à Marc Dax de faire des dizaines d'observations. Marc Dax naît en 1770 à Tarascon-sur-Ariège et fait ses études à Montpellier. Il devient médecin et chirurgien dans la Grande Armée puis s'installe à Sommières, entre Nîmes et Montpellier.

Sur le champ de bataille, il observe avec attention les plaies du crâne… Il remarque que lorsque la plaie se situe du côté gauche, elle entraîne une difficulté à exprimer sa pensée et une paralysie plus ou moins lourde de la partie droite du corps.

En 1836, un an avant sa mort, Dax expose ces observations au cours d'une réunion du congrès méridional de Montpellier, illustrant la localisation hémisphérique des troubles de la parole.

Jacques Lordat, né à Tournay en 1773, fait lui aussi ses études à Montpellier où il devient ensuite professeur de médecine et doyen de la faculté. En 1825, âgé de cinquante-deux ans, il connaît un épisode aphasique qu'il décrit de manière introspective, près de quarante ans avant la publication fondamentale de Broca. Il ne fait aucune allusion à la localisation de la lésion responsable, mais dépeint sa vision du trouble ressenti et vécu. Il insiste sur sa capacité à penser alors qu'il est incapable d'exprimer cette pensée. Aussitôt ses troubles disparus, il enseigne à Montpellier ce concept de dissociation entre pensée et langage. Il propose de décomposer l'acte d'expression orale en plusieurs sous-actions, s'approchant ainsi de la conception moderne de l'encodage constitué de processus successifs, vision soutenue par les neuropsychologues actuels. Quelques années plus tard, Lordat rappelle à son collègue venu l'examiner lors de l'épisode aigu les paroles que celui-ci avait prononcées, portant un pronostic sévère sur la perte de son intelligence !

Si Broca connaît les idées défendues par Dax et par Lordat, il n'y fait jamais aucune allusion. Il considère que sans publication et sans vérification anatomique, il ne doit pas en tenir compte. Il est vrai que si Dax a bien vu qu'une lésion cérébrale dans l'hémisphère gauche entraîne des déficits de la motricité des membres du côté opposé et de l'expression orale, il n'en a fait aucune étude anatomique.

Le langage, grâce à l'aire de Broca

Paul Broca est lui aussi né dans le Sud-Ouest, à Sainte-Foy-la-Grande, en 1824, plus d'un demi-siècle après Dax et Lordat. Il est issu d'une famille protestante cultivée : son grand-père a été maire de Bordeaux pendant la Révolution et son père chirurgien de la Grande Armée. Enfant précoce et surdoué en toutes matières, il obtient son baccalauréat avant dix-sept ans, et il se montre aussi excellent dessinateur et poète à ses heures. Il envisage d'abord de se diriger vers une préparation à Polytechnique, mais sous l'influence de son père et par piété filiale, il s'oriente vers la médecine. Au lieu de choisir l'école de Bordeaux, il s'inscrit à la faculté de Paris où il obtient son doctorat à l'âge de vingt ans. Interne des Hôpitaux dès son premier concours, il devient très vite un médecin et un chirurgien remarqué.

Travailleur infatigable, il parcourt tous les domaines médicaux : la peau, les os, les artères, les viscères, les cancers… Plus à l'aise à l'écrit qu'à l'oral, il a laissé plusieurs centaines de publications d'une lecture lumineuse. Broca est un des esprits les plus brillants de l'époque anatomoclinique française dans la deuxième partie du XIXe siècle, où les Français sont les premiers dans la découverte médicale. Libre penseur sans être, semble-t-il, agnostique, républicain convaincu opposé à Napoléon III, il crée en 1849, à vingt-cinq ans, la première société de libres penseurs. Il est aussi le fondateur en 1859 de la première société d'anthropologie dans le monde.

Par ses observations cliniques et anatomiques, il donne naissance à la neurologie de l'aphasie et au cognitivisme. Il ouvrira l'ère de la neurologie des centres cérébraux en donnant une impulsion nouvelle à la théorie des localisations cérébrales. Marquant les esprits scientifiques de toute l'Europe, il se fait aussi promoteur de réformes hospitalières et universitaires et sera directeur de l'Assistance publique des Hôpitaux de Paris. Nommé sénateur à vie au début de l'année 1880, il meurt subitement cette même année, à cinquante-six ans, alors qu'il se trouve à sa table de travail.

Cet anatomiste, cet anthropologue, ce chirurgien, ce médecin a réalisé de nombreuses autopsies chez des malades qu'il avait lui-même examinés et suivis. C'est à l'une d'entre elles qu'il doit la célébrité, alors qu'il n'était pas spécifiquement neurologue. On appelle, aujourd'hui encore, le pied de la troisième circonvolution frontale « l'aire de Broca », qui correspond à l'aire motrice du langage.

En 1861, Broca rapporte devant la Société d'anthropologie ses observations concernant un malade qu'il a suivi et dont il a fait l'autopsie. Le patient était un artisan bottier nommé Leborgne. Depuis vingt ans, à la suite d'un vraisemblable accident vasculaire, il ne parlait plus alors qu'il comprenait fort bien ce qu'on lui disait.

– Tan… tan…

Ces onomatopées répétées, accompagnées de multiples gestes, sont sa seule possibilité d'expression. Cette stéréotypie de deux syllabes répétées lui vaut d'être surnommé Tan-Tan, évidemment. Lors de l'autopsie, Broca découvre sur le cerveau les séquelles anciennes de la lésion, celles d'un ramollissement cérébral. Son examen n'est que macroscopique, mais il en tire la conclusion que le centre moteur du langage se trouve au pied d'une circonvolution frontale, la troisième. La théorie des localisations des fonctions cérébrales refait surface en un temps où la pensée scientifique dominante considère que le cerveau fonctionne comme un tout. Les oppositions à ces nouvelles idées sont donc virulentes. Pour nommer le trouble de Tan-Tan, Broca propose le terme « aphémie ». Trois ans plus tard, Armand Trousseau propose celui d'« aphasie » pour définir l'ensemble des troubles du langage provoqués par une lésion localisée du cerveau.

Grâce à l'observation de Broca, la neurologie accomplit un pas de géant. Le cerveau de Tan-Tan, conservé dans un bocal, sera examiné cent quinze ans plus tard par un scanner qui confirmera le siège lésionnel dans l'hémisphère gauche – décrit par Broca – d'une ischémie survenue dans le territoire antérieur de l'artère cérébrale moyenne, appelée aussi artère sylvienne. Toutefois, la lésion débordait un peu de la délimitation établie par Broca.

Les cliniciens se mettent alors à décrire minutieusement les signes et les lésions anatomiques des malades qui présentent des troubles du langage. Dès la fin du XIXe siècle, l'Allemand Carl Wernicke a analysé chez le droitier une aire temporo-pariétale gauche à laquelle il laissera son nom : l'aire de Wernicke, dont la lésion entraîne, sans aucune anomalie articulatoire, un langage incompréhensible comparable à une langue étrangère, appelé « jargonaphasie ». Le malade ne perçoit pas que son langage est incompréhensible, et il est lui-même incapable de comprendre sa langue maternelle.

À partir de la publication de Broca, les neurologues de l'école de Charcot se sont accaparés les thèmes de la pensée et du langage par leurs études cliniques et lésionnelles anatomiques. Jusque-là, ces thèmes étaient la propriété exclusive des philosophes et des hommes de lettres. Les aphasies déclenchées par une lésion focalisée du cerveau constituaient, pour les scientifiques, le sujet d'étude le plus approprié pour essayer de découvrir comment pensée et langage étaient articulés chez l'homme. Ces analyses donnèrent lieu à de nombreuses controverses et oppositions acharnées sans que la lumière ne jaillisse. Elles ont cependant réussi à démontrer que l'examen long et scrupuleux des malades était une source d'intérêt considérable pour qui cherchait à comprendre le fonctionnement du cerveau.

Le concept de centre du langage n'est plus aujourd'hui conforme à la pensée scientifique. L'idée actuelle qui prévaut est que les voies transmettant l'expression du langage parlé passent obligatoirement au pied de la troisième circonvolution frontale.

Le signe de Babinski, l'investigation du déficit moteur

Frère du gastronome cuisinier connu sous le nom d'Ali Bab et auteur d'un ouvrage de référence sur la cuisine française intitulé *Gastronomie pratique*, Joseph Babinski, neurologue d'origine polonaise, né à Paris en 1857, était considéré comme l'élève préféré de Charcot.

Dans un silence total, il examinait longuement les malades et découvrit un des plus extraordinaires signes cliniques de la médecine…

Par habitude et animé d'une rigueur quasiment obsessionnelle, il frottait systématiquement la plante des pieds des malades alités. Il remarqua ainsi que chez les hémiplégiques, sous la stimulation, le gros orteil se lève, alors que normalement il devrait se plier. Ce signe, présent chez un hémiplégique et chez un enfant avant l'apparition de la station debout, se révèle particulièrement utile à la recherche des premiers signes d'un déficit moteur. Il permet de repérer une souffrance du faisceau pyramidal, le faisceau qui depuis le cortex frontal de la quatrième circonvolution frontale – appelée « frontale ascendante » ou « zone de Rolando » – conduit le message de la motricité volontaire jusqu'aux neurones moteurs périphériques médullaires.

Naissance de la neurologie

Avec le temps, on arrivait au bout des possibilités que les lésions cérébrales pouvaient offrir aux cliniciens pour découvrir le fonctionnement normal du cerveau… L'heure de la neurobiologie avait sonné. Les savants de nombreux pays occidentaux apportèrent leur contribution, mais aucun Français ne fit partie de cette phalange.

Parmi ces savant européens, on compte l'Italien Camillo Golgi et l'Espagnol Santiago Ramon y Cajal, deux histologistes qui nous ont permis de visualiser au microscope les neurones, leurs axones[1] et leurs dendrites[2] apparaissant en noir, et de voir ainsi leur morphologie.

Des deux savants, le plus impressionnant est l'Espagnol qui, à partir de sa vision de neurones morts et colorés en noir, perçut et interpréta le rôle fonctionnel du neurone et de ses deux types de prolongement. En 1906, l'Académie de Stockholm leur décerna un prix Nobel commun… Unis dans la récompense, ils étaient pourtant foncièrement divisés sur la structure histologique du cerveau, et plus encore sur le fonctionnement du système nerveux.

Golgi ne voyait que des filaments de cytoplasme sans membrane, tous en contact entre eux, une sorte de toile d'araignée donnant à toute stimulation la

1. Fibre nerveuse qui prolonge le neurone.
2. Prolongement filamenteux du neurone servant à recevoir et conduire l'influx nerveux.

possibilité d'atteindre le cerveau dans son entier. Il croyait que les messages étaient en permanence transmis dans toutes les directions et se faisait ainsi le défenseur du fonctionnement global d'un cerveau fait d'une seule pièce.

La conception de Cajal était, elle, localisationniste. Elle se révéla correspondre à la réalité anatomique et fonctionnelle d'un système d'information : celui du système nerveux. Cajal travaillait essentiellement sur le niveau médullaire, partie la plus simple à examiner. En choisissant mieux ses sujets d'étude que son confrère italien, c'est-à-dire en étudiant des animaux nouveau-nés possédant moins de cellules nerveuses que les animaux adultes, en se focalisant sur les voies les plus simples du système nerveux, celles qui contiennent le moins de neurones, il fut le premier à voir un neurone en son entier et le premier à en définir la fonction. Il avait compris que le cortex cérébral, avec ses cent milliards de neurones et probablement un millier de synapses par neurone, était un sujet d'étude encore trop compliqué pour les techniques des années 1900. Il sut interpréter la physiologie des cellules qu'il voyait et, à partir de ses observations, élabora des hypothèses qui servirent à tous les neurobiologistes qui vinrent après lui.

Il fit du neurone l'unité anatomique et fonctionnelle de base. Il comprit que le corps cellulaire du neurone recevait les informations par les dendrites et les transmettait à l'axone chargé de les conduire à une ou plusieurs dendrites de neurones ciblés. Il affirma que le sens des informations que le neurone faisait circuler était unidirectionnel : il n'y avait pas de retour dans l'autre sens. Il perçut que l'axone se connecte à une dendrite et que cette connexion laisse un espace libre entre deux fibres nerveuses qui se connectent à leur tour, phénomène appelé « synapse » par Charles Scott Sherrington, son contemporain anglais.

Farouchement opposé à l'idée qu'un neurone pouvait être en contact avec tous les autres neurones du système, Cajal se fit au contraire le partisan du principe selon lequel un neurone est intégré à une voie spécifique, déterminée par l'hérédité, une voie sensorimotrice faite d'un neurone récepteur recueillant le stimulus informateur jusqu'à un neurone commandant la réponse. Le neurone sensoriel capte les stimuli venant de l'extérieur, le neurone moteur commande, lui, l'effecteur musculaire. Entre les deux s'interpose l'interneurone qui intervient dans la transmission, en modulateur du message. Par ce schéma élémentaire, Cajal a initié les prémices de la physiologie du système nerveux. Ce qu'il découvrit au niveau médullaire se révéla être ce qui s'appliquait aussi de façon plus complexe au niveau du tronc cérébral et du cerveau proprement dit, représenté par les deux hémisphères, anatomiquement identiques mais chargés de fonctions différentes. La synapse, lieu du traitement de l'information, est composée de trois parties distinctes : la terminaison présynaptique d'où arrive l'information, l'espace synaptique et la zone postsynaptique.

Cajal, immense neurologue, ouvrit le chemin aux médecins neurophysiologistes anglais qui, sans aucun doute marqués par sa rigoureuse pensée, apportèrent bientôt les éléments permettant d'établir comment les messages sont véhiculés et transmis le long des voies nerveuses.

Sherrington, prix Nobel de médecine 1932 avec Douglas Adrian, fit la découverte des mécanismes électriques permettant le déclenchement et le transfert du message neuronal. Un stimulus externe du toucher, du goût, de l'odorat, de la vision ou de l'audition déclenche une modification du potentiel de membrane d'un neurone récepteur. Par un effet de seuil, un potentiel d'action est créé, qui se propage le long de l'axone. Il gagne ainsi la synapse où le message sera transmis vers le neurone suivant. L'intensité du stimulus se marque par la fréquence des potentiels d'action déclenchés ; l'amplitude du potentiel, elle, est toujours identique. Il existe un temps réfractaire de courte durée pendant lequel le stimulus ne peut pas créer de potentiel d'action sur la membrane neuronale : celle-ci reconstitue son potentiel de repos entre chaque potentiel d'action déclenché. Enfin, sur une voie neuronale spécifique, chaque stimulus, en fonction de sa durée et de son intensité, crée un train de potentiel d'action caractérisé par sa fréquence. Arrivé au niveau de la synapse, ce train d'onde va être transféré par voie chimique au neurone suivant. Il existe quelques rares situations ou le transfert se fait par contact électrique direct. Dans la partie présynaptique, il existe des vacuoles[1] contenant un neurotransmetteur. Chaque neurotransmetteur caractérise une fonction précise. L'acétylcholine est,

1. La vacuole est une vésicule située dans le cytoplasme de la cellule neuronale.

par exemple, un des neurotransmetteurs de la fonction sensorimotrice. Pour la mémorisation, il s'agit du glutamate et de la sérotonine. Aujourd'hui, on connaît plus d'une centaine de neurotransmetteurs utilisés dans des activités différentes.

Lorsque le potentiel d'action arrive dans cette région présynaptique, il va déclencher l'ouverture des vacuoles qui déversent leur contenu dans l'espace intersynaptique. Les récepteurs postsynaptiques vont alors être stimulés et les potentiels d'action vont pouvoir continuer de cheminer sur une dendrite du neurone suivant.

Cette parfaite coordination de la production et du transfert d'un message nerveux mérite pourtant d'être complétée et donc complexifiée. La création des potentiels d'action fait intervenir des mouvements ioniques qui se produisent de part et d'autre de la membrane neuronale au repos. Le potassium intracellulaire et le sodium extracellulaire maintiennent une charge électrique stable au niveau de la membrane. Sous l'influence de l'arrivée du potentiel d'action, la perméabilité membranaire se modifie : le potassium peut sortir de l'axone ou de la dendrite, le sodium peut y entrer. Le nouveau déséquilibre ionique permet d'atteindre le seuil générateur du potentiel d'action. Par leur charge électrique, les mouvements ioniques entrant et sortant de la cellule neuronale sont à l'origine des différents potentiels de membrane, de repos ou d'action. Au niveau de la synapse venant de neurones avoisinants, des potentiels d'action viennent inhiber ou faciliter la transmission du message. Celui-ci ne se transmet que lorsque la somme des différences de potentiels électriques d'origine ionique est supérieure au seuil du potentiel d'action membranaire.

Une extraordinaire machine à calculer

Si l'on songe aux mille synapses d'un neurone dans le cerveau, et aux milliers de milliards de neurones, on peut imaginer l'extraordinaire machine à calculer que chaque neurone met en marche. La vitesse de la lumière est de trois cent mille kilomètres par seconde. Celle de l'influx nerveux est au maximum de trente mètres par seconde. Une différence qui mérite explication : dans le corps humain, les distances à parcourir sont courtes, les amplitudes, toujours identiques, sont faibles. Surtout, le potentiel d'action, régi par la loi du « tout ou rien », doit véhiculer l'information exacte qui lui a donné naissance, pour la faire parvenir dans sa parfaite intégrité. C'est ce qui explique la lenteur dc progression par rapport à celle de l'électricité, qui perd de son intensité dans son cheminement.

Enfin, il faut à nouveau rappeler que l'homme est un animal et qu'à ce titre, il profite des aménagements adaptatifs considérés comme les meilleurs, les plus performants, les plus économes par l'évolution que Charles Darwin puis la génétique moléculaire nous ont fait découvrir et comprendre.

Les principales découvertes sur l'influx nerveux proviennent d'expérimentations sur le chat, qui possède les mêmes mécanismes électriques, moléculaires et physiologiques que l'homme. Tout être vivant est mû par les mêmes mécanismes biologiques d'action en matière d'anatomie et de physiologie nerveuses. Pour étudier aisément les cellules une à une, il faut, à la lumière des choix expérimentaux de Cajal, choisir des animaux ayant le moins de cellules nerveuses et autant que possible, de grande taille. Le choix du bon animal d'expérience est une condition essentielle à la réussite d'une recherche neurobiologique.

Les trois étages du système nerveux

Santiago Ramon y Cajal, Charles Scott Sherrington ou encore Edgar Adrian ont apporté aux cliniciens des années 1940 une nouvelle culture que l'on pourrait appeler sensorimotrice, qui a permis de décrire les trois étages du système nerveux cérébro-spinal : réflexe, automatique, volontaire.

Le niveau « réflexe » est le plus simple : un stimulus élémentaire déclenche une réponse immédiate mettant en jeu un seul arc réflexe constitué d'un neurone sensitif articulé à un neurone moteur. Cet étage réflexe est le plus souvent médullaire. La percussion du tendon rotulien par un marteau-réflexe provoque l'extension de la jambe. Le fait de poser les doigts par inadvertance sur une plaque brûlante entraîne le retrait de la main avant l'apparition de la douleur. Un éclat lumineux sur la pupille déclenche sa contraction.

L'étage suivant, dit « automatique », fait intervenir de plus nombreux neurones et se situe essentiellement au niveau du tronc cérébral. Il permet les activités automatisées comme la déglutition, l'équilibre ou les acquis de l'expérience qui n'ont plus besoin d'une conscience volontaire.

Enfin, les activités « volontaires » et conscientes relèvent, elles, de l'étage « hémisphérique ». Elles font intervenir une centaine de milliards de neurones et leur millier de synapses chacun.

Ces trois niveaux sont chargés de répondre aux stimuli et sollicitations du monde extérieur et de l'environnement comme à ceux des différents organes du corps. À une stimulation sensitive ou sensorielle, le cerveau, en maître de l'information, apporte la réponse en mettant en jeu les circuits utiles. Mémoire et souvenirs, intelligence et adaptation, imagination et créativité sont les capacités auxquelles il peut faire appel, de façon consciente ou non.

Le décodage du message

Jusque dans les années 1950, durant les cent cinquante ans de la progression du savoir neurologique et psychiatrique, les connaissances concernant le cerveau proprement dit sont restées discrètes. Bien des éléments étaient pourtant en place pour pénétrer cette mystérieuse boîte noire. Les cinq sens générateurs de messages sont les voies d'entrée dans la maison du maître à penser.

Beaucoup de ces accès étaient connus depuis les travaux de Cajal. Les voies de sortie motrices volontaires prennent naissance au niveau des cellules pyramidales ou premiers neurones moteurs situées sur la quatrième circonvolution du cortex frontal. Le message moteur chemine dans le faisceau pyramidal jusqu'au deuxième neurone moteur situé dans la corne antérieur de la moelle, origine du nerf périphérique, appelé « voie terminale commune motrice de Sherrington ». On connaissait aussi les voies du langage, schématisées par la boucle de communication entre deux locuteurs. Celui qui parle émet un message prenant la forme d'une onde sonore qui vient stimuler les neurones de l'appareil auditif de celui qui écoute. Les cellules neuronales de l'oreille interne opèrent la transformation en un influx électrique véhiculé par voie axonale[1] vers les deux lobes temporaux après un relais dans le thalamus, passage obligé d'un message sensitif ou sensoriel, avant d'atteindre le cortex cérébral spécifique au message. Reconnues comme un message linguistique, les ondes électriques de l'influx nerveux sont alors dirigées vers un seul hémisphère, le lobe temporal dominant, le gauche pour un droitier et le droit le plus souvent pour un gaucher. C'est à ce niveau que le décodage du message se fait, transmis alors au carrefour pariéto-occipito-temporal pour en saisir le sens. La réponse mûrement réfléchie fait appel à tous les éléments nécessaires de plusieurs fonctions, et part de ce carrefour, sous une forme électrique toujours, vers la région frontale de l'aire de Broca qui peut commander la motricité des organes phonatoires du larynx, de la langue et des lèvres. La boucle se termine par la création d'une nouvelle onde sonore adressant la réponse au premier locuteur. La boucle sensorimotrice

1. Voie relative à l'axone, cette fibre nerveuse qui prolonge le neurone.

du langage permet d'enregistrer et de mesurer la production de ce qui était autrefois pour un clinicien la boîte noire cérébrale. L'expérimentateur sait ce qu'il fait entrer, il mesure ce qui sort.

Les secrets de l'aplysie

L'alcoolisme chronique sévère et l'encéphalite herpétique entraînant une amnésie ont permis de suspecter puis de découvrir un circuit d'entrée des messages à mémoriser dans lequel se trouvent bilatéralement les corps mamillaires et les cortex temporaux internes et leur hippocampe. Le cerveau n'avait toujours pas livré son mode de fonctionnement mnésique. La pensée, la mémoire du savoir et du souvenir, les émotions, les créations artistiques, les rêves, les comportements… étaient de plus en plus attribués à son pouvoir. La biologie moléculaire de l'inné et de l'acquis allait révéler une nouvelle partie des secrets. Pour y parvenir, il fallait s'intéresser à la biologie moléculaire du neurone, à celle des synapses et des circuits neuronaux.

Eric Kandel, prix Nobel de médecine en 2000, est un Américain originaire d'Autriche. Né à Vienne en 1929, le garçon a neuf ans au moment de l'Anschluss quand deux policiers nazis faisant la chasse aux Juifs font irruption dans l'appartement familial. Le père est arrêté, mis au cachot puis libéré quelques jours plus tard… Fuir vers les États-Unis se révèle la seule solution.

Le souvenir de l'annexion brutale de l'Autriche au Reich allemand, de l'acceptation enthousiaste de la nouvelle idéologie par la population et de la spoliation des biens juifs restera enraciné dans la tête du jeune immigré fuyant l'Europe. L'émotion et le choc sont tels qu'ils laisseront une trace anxieuse indélébile dans sa mémoire. L'événement historique sera, sans nul doute, à l'origine du choix de l'orientation de l'étudiant en médecine vers la recherche en neurobiologie, puis vers la psychiatrie et la psychanalyse développées par un autre Juif viennois en fuite, Sigmund Freud.

En 1950, il semble irréaliste de s'attaquer à la recherche des mécanismes du cerveau sous-tendant l'inconscient, le *ça*, le *moi*, le *surmoi*… Les maîtres de la neurobiologie new-yorkaise en persuadent le jeune homme : la voie à suivre est celle de Cajal, qui a démontré qu'il fallait s'attaquer à l'étude de la cellule nerveuse et à son fonctionnement, dans des circuits nerveux où n'interviennent qu'un tout petit nombre de cellules.

Le futur prix Nobel choisit donc la mémoire comme sujet de recherche. Quarante ans de travaux expérimentaux seront nécessaires pour qu'un esprit supérieur, associé aux neurobiologistes américains les mieux formés, puisse découvrir les fondements biologiques de la mémoire inscrite dans les neurones de structures cérébrales localisées et fonctionnellement spécialisées.

De nombreux articles sur ces recherches parurent, principalement dans la prestigieuse revue *Nature*. Ils étaient signés par des neurophysiologistes, des neurocomportementalistes, des neurocognitivistes, des neurobiologistes, des neurogénéticiens, des biologistes moléculaires qui travaillaient tous dans des équipes dirigées par Kandel. Celui-ci entreprit de multiples expériences. Là encore, le choix de l'animal revêtit une importance primordiale. Il fallait un animal d'une taille permettant des expériences sans trop de difficultés techniques, et possédant peu de grands neurones. Le choix du candidat idéal lui fut suggéré par des chercheurs français : ce serait l'aplysie, un mollusque d'une trentaine de centimètres n'ayant que vingt mille neurones.

En 1962, l'aplysie conduit Kandel en France, d'où sa femme est originaire. Il passe plus d'un an entre Paris et Arcachon. S'inspirant des travaux d'Ivan Pavlov sur l'apprentissage, Kandel conduit des protocoles permettant d'étudier la mémoire à court terme et à long terme.

Il sait que la mémoire des souvenirs dont nous sommes conscients est stockée dans le cortex cérébral près des aires chargées de recueillir les stimuli sensoriels impliqués. Le lobe occipital stocke les souvenirs visuels. Comme l'a montré Wilder Penfield, neurochirurgien canadien, le cortex rolandique est la localisation motrice et sensitive de l'hémicorps opposé : sur l'hémisphère droit l'hémicorps gauche, sur l'hémisphère gauche l'hémicorps droit. Cet homunculus n'est pas une représentation strictement anatomique, elle est également fonctionnelle. Ainsi, la bouche, la main, le pied sont surdimensionnés et, au contraire, le torse, l'abdomen, la racine des membres sont sous-dimensionnés.

En fonction de l'apprentissage, de l'entraînement, de l'utilisation, au niveau de l'homunculus cérébral, la surface des doigts de la main ou du pied peut être augmentée chez un individu.

Sans risque de se tromper, on peut affirmer que le pied du footballeur Lionel Messi est plus représenté sur son cortex rolandique que chez n'importe qui d'autre. Les doigts et les mains d'un pianiste, d'un violoniste, d'un joueur de guitare, ont aussi une représentation corticale plus étendue que la moyenne des humains. Nos apprentissages, nos activités fréquemment répétées bâtissent un cortex cérébral qui participe à faire de chacun de nous un individu unique. Le lobe temporal de Mozart aurait mérité d'être exposé dans un musée plutôt que de finir dans la fosse commune d'un cimetière viennois. La mémoire stockée dans le cortex hémisphérique est consciente, c'est celle des souvenirs que nous sommes capables de faire resurgir et que nous racontons en parlant. La mémoire à prédominance auditive est stockée dans le cortex temporal comme l'est la mémoire gustative ou olfactive, mais dans une localisation différente. La mémoire de l'odorat du chien occupe une surface corticale temporale bien plus grande que celle de l'homme.

Le lobe frontal des deux hémisphères est aussi très concerné par le stockage de la mémoire idéique : de façon majoritaire par la pensée logique dans le lobe frontal gauche du droitier et pour la pensée plus poétique ou plus imaginaire dans le lobe frontal droit.

Il existe un autre type de mémoire, qui n'est plus consciente mais automatique ou automatisée. Elle est appelée « implicite » ou « procédurale » et concerne nos activités automatisées comme la marche, les gestes habituels, la pratique de la bicyclette. Cette mémoire est stockée dans le cervelet et le striatum. On peut penser que le pied de Messi a aussi une représentation exceptionnelle dans le cervelet. Peut-on s'interroger sur la prévalence rolandique ou cérébelleuse des représentations chez le talentueux footballeur barcelonais ?

Eric Kandel a consacré sa vie à mettre en évidence les mécanismes neuroélectriques et biomoléculaires intraneuronaux. La mémoire étudiée au début de ses expériences fut évidemment la mémoire procédurale, la plus simple, la plus automatisée. L'aplysie a un profond réflexe de défense déclenché par un choc sur le corps, signe de danger. Le mollusque émet un large nuage d'encre qui le cache. En associant au cours de l'expérience l'effleurement à un choc et en le répétant, on habitue le mollusque à lier cet effleurement au danger. Au début de l'apprentissage, une légère stimulation tactile inoffensive est incapable de déclencher ce réflexe de défense chez l'aplysie. À la fin de l'apprentissage, par habituation de type pavlovien, le comportement réflexe de l'animal s'est modifié, sa mémoire procédurale a changé. L'animal, habitué à la survenue d'un choc après un effleurement, a appris que l'effleurement était annonciateur du danger. En créant une modification de comportement, l'expérience a mis au jour un fait de mémoire procédurale. La création de ce nouveau reflexe survient en quelques heures lorsque l'habituation est de courte durée. On parle de mémoire à court terme.

Nous avons tous l'expérience de cette mémoire à court terme : c'est celle qui nous permet de répéter une série de chiffres que l'on vient de nous énoncer. L'oubli s'installe progressivement au bout d'une minute et va s'étendre sur plusieurs heures. L'apprentissage peut être enregistré par des électrodes insérées dans six neurones sensoriels responsables du réflexe de défense. L'enregistrement expérimental de Kandel concernait aussi les interneurones environnants qui ne participent pas au réflexe avant l'apprentissage. Dans cet apprentissage de courte durée faisant appel à la mémoire à court terme, l'enregistrement des potentiels d'action n'existe que dans les neurones impliqués par le réflexe. Lorsque l'apprentissage est répété chaque jour comme au cours d'un entraînement sportif, le fait de mémoire se consolide et rend l'oubli impossible. On parle alors de mémoire à long terme. Dans ce cas, l'expérience organisée par Kandel a montré des potentiels d'action dans des neurones environnants. Des synapses qui ont nécessité un apport de protéines créatrices de structures synaptiques se sont donc créées.

Nous aussi avons l'expérience de la mémoire à long terme. C'est celle que nous gardons parce que le souvenir a été consolidé par répétition et par entraînement. Chez l'homme, cette mémoire, lorsqu'elle est explicite, est localisée à la pointe antéro-interne du lobe temporal. On perçoit facilement qu'un souvenir chargé d'émotions ou fréquemment répété et travaillé intégrera la mémoire à long terme, celle qui se stocke durablement et qui nécessite l'apparition de nouvelles synapses et donc de nouvelles protéines créatrices de matière biologique. Elle s'initialisera aussi sur la face interne des lobes temporaux en arrière du noyau amygdalien.

Elle sera ensuite transportée et stockée en une localisation liée à la fonction préférentielle mise en jeu dans le souvenir appris et à conserver.

Kandel, qui a découvert la modification de structure créatrice de nouvelles synapses par la mémoire à long terme chez l'aplysie, cherche désormais le mécanisme métabolique biologique produisant les protéines constituant les nouvelles synapses. Fort de ses connaissances en génétique moléculaire, il focalise ses expériences sur le neurone qui est aussi une véritable usine de production de protéines. Les gènes et la biologie moléculaire deviennent le centre de son expérimentation et la réussite est au rendez-vous. Il existe dans la cellule, ici le neurone, une voie métabolique qui ordonne et met en place les protéines nécessaires à la création des nouvelles synapses, point de départ du stockage des informations, et donc de la mémorisation. L'ADN et l'ARN rempliront leur mission, comme la sérotonine remplit celle de neurotransmetteur pour la mémoire procédurale. Kandel démontre ainsi que dans le phénomène initial de la mémoire, il existe une voie électrique qui véhicule l'information et une voie métabolique intraneuronale modificatrice de structures nerveuses. Un nouveau comportement qui s'installe, un souvenir qui se construit et se stocke mettent en jeu des mécanismes où inné et acquis se conjuguent et se renforcent.

Le champ immense des possibles

Nous savons aujourd'hui comment se construit la mémoire. L'esprit peut naître, les idées peuvent s'associer. La conjugaison de l'inné et de l'acquis est ouverte à toutes les possibilités qu'environnement, circonstances et événements feront rencontrer à chacun d'entre nous. Nous sommes à la fois prédestinés par l'hérédité et sa biologie et construits par les acquisitions que nous apprenons et répétons depuis le berceau et jusqu'au cercueil.

Et les découvertes se poursuivent, la connaissance avance inexorablement… Le prix Nobel de médecine 2014 a été décerné à John O'Keefe, un chercheur britannique, et à deux Norvégiens, May-Britt Moseret et Edvard Moser. Ils ont mis en évidence le système nécessaire à la reconnaissance de notre positionnement dans l'espace environnant. Ce GPS est situé dans la région temporale interne au niveau de l'hippocampe. Pour chaque événement de notre vie, à chaque instant l'environnement est intégré. Plus encore, dans nos souvenirs, au même titre que les émotions, il est présent. Notre mémoire le rappelle quand nous racontons nos souvenirs.

Bien des découvertes sont encore à faire… Notamment à propos de l'attention, la conscience volontaire, l'inconscient et ses automatismes, l'imagination et ses associations d'idées, l'anxiété, la peur, les sentiments, et d'autres facultés nécessaires à notre pensée, notre esprit et ses décisions.

Bientôt, nous accéderons au traitement de nombreuses maladies du système nerveux. Encore faut-il, pour cela, que la recherche neurologique soit une priorité et que le principe de précaution n'entrave pas le principe du bénéfice-risque. Le risque doit être maîtrisé en matière de maladie et le bénéfice est l'espoir de l'avenir. Faut-il aussi le limiter ? Qui a en mémoire les désastres de la tuberculose avant l'apparition des antibiotiques capables de la guérir ?

L'étude du cerveau démontre que le corps et l'esprit ne sont pas un empilement d'organes mais un seul et même système où l'intérêt général est la règle.

Maintenant que notre savoir a largement progressé, nous pouvons percevoir que cerveau et système nerveux constituent un système étonnant dont il faut s'inspirer pour transformer ou guider nos comportements à l'échelle de l'individu ou d'une population et parvenir ainsi à moderniser notre système de santé… En deux cent mille ans, le cerveau a mis en place le modèle humain du traitement de l'information, organisé hiérarchiquement du plus simple au plus complexe. Son organisation, son contrôle construit par l'évolution du monde du vivant sont exemplaires. Il travaille en une équipe coordonnée. Il associe et fait coopérer des structures en réseau dans un souci économe du meilleur résultat.

Le cerveau est un maître à penser et à décider. Il a des principes d'organisation, d'efficacité et d'efficience dont il faut s'inspirer. Quels changements dans l'éducation des médecins proposerait une commission réunissant tous les génies qui ont transformé nos possibilités, en respectant l'éthique dont Hippocrate s'est fait le premier défenseur il y a bientôt trois mille ans ?

CONCLUSION

VERS LA MÉDECINE SOBRE

Les hommes naissent sans l'avoir demandé. Dispersés dans les multiples espaces terrestres, regroupés dans un immense univers, ils vivent quelques dizaines d'années. Le programme pourrait paraître morose et marqué d'une certaine austérité. Son sens est difficile à découvrir, obscur et bien incertain pour beaucoup. Comprendre, expliquer, vivre ce temps imposé soulève des questions éternelles. Le temps s'écoule à un rythme répétitif, traversé par quelques péripéties, dans de multiples lieux. Le temps vécu s'accélère ou se ralentit, et finit par paraître trop court. La vie passe. La transmettre semble finalement l'aspect le plus enthousiasmant du projet.

Acquérir le savoir qui permet de prolonger la vie en bonne santé, faire reculer la mort furent les buts poursuivis avec ténacité par les hommes de l'art médical de toute époque. Leurs connaissances se sont progressivement améliorées. La révolution de la médecine efficace perçue par les populations est récente.

Elle a débuté au lendemain de la Seconde Guerre mondiale. L'efficacité nouvelle fut surtout le fruit des découvertes des deux derniers siècles même si, depuis la nuit des temps, des innovations étaient continuellement apparues. Elles ont transformé le cours de nombreuses maladies jusqu'à les faire disparaître. La maîtrise de multiples affections et handicaps est alors devenue possible. Les médicaments ont permis la guérison de bien des maladies. Les dispositifs médicaux ont transformé la vie de personnes handicapées par leurs articulations, leurs artères, leur vision, leur audition, leur dentition… Les cancers, les accidents vasculaires cérébraux, les infarctus du myocarde, l'athérosclérose, les maladies auto-immunes, les allergies ont livré une partie de leurs mystères. Les pathologies du cerveau, neurologiques et psychiatriques, les maladies génétiques… et le vieillissement ont encore beaucoup à attendre du progrès et des découvertes.

La santé pourrait bien être devenue la préoccupation principale de chacun. Guérir, soigner, soulager sont les missions et le devoir des médecins. L'avenir de tous en dépend. La prévention, les soins efficaces méritent un système de santé performant, à la hauteur des progrès permanents de la science médicale et des vertus ancestrales du pacte de confiance entre soignant et soigné.

Changements et adaptation du système de santé

Raconter quelques épisodes générateurs du progrès est un plaisir aussi nécessaire qu'attrayant. Des génies, par leur travail, leur réflexion, leur logique, ont mis au jour un savoir anatomique, physiologique, clinique, biologique, technique, commun à tous, expliquant les mécanismes nécessaires à la vie et à son maintien lors de maladies. Leur nom, leurs méthodes, leurs réussites doivent être connus et jamais oubliés. Ils ont fait de la santé un sujet d'étude, un sujet de savoir, en ont tiré des leçons à bien retenir, que l'on soit malade ou bien portant, riche ou pauvre. Ce savoir, hiérarchisé du plus simple au plus complexe, du nécessaire au superflu, doit être accessible au plus grand nombre et utilisé au bénéfice de chacun par des professionnels de santé aux compétences sans cesse renouvelées. Notre système de santé doit être sans arrêt en quête de changements pour rester adapté aux progrès du savoir médical.

La santé : bien individuel, bien commun, bien public

La santé est un bien individuel, transmis en premier par héritage génétique. Mais il se transmet aussi par l'éducation et un peu plus tard par l'instruction. Il nous est essentiel, notre vie en dépend. Le bien gérer devient alors une responsabilité personnelle. Bien inné, bien acquis, la santé finit par être un bien périssable, qui disparaît quand l'usure ou la grave altération des mécanismes biologiques surviennent. Ainsi va la vie. La responsabilité partielle que nous avons à assumer dépend de notre savoir et de notre détermination à le mettre en pratique. Notre responsabilité est d'ordre comportemental. Nous savons, ou devrions savoir, que l'alcool, le tabac, la drogue ont à la longue des effets néfastes sur la santé. L'ignorer est un défaut d'instruction. Ne pas en tenir compte est une erreur, parfois une faute, qui fait le lit de la maladie. La répétition d'erreurs nutritionnelles est préjudiciable à notre santé comme le sont les activités qui par leur excès mettent nos organes des sens et nos fonctions vitales respiratoires, circulatoires ou cérébrales en danger.

La santé est un bien commun. L'anatomie du corps humain, sa physiologie, sa biologie répondent à des mécanismes de fonctionnement élaborés au fil de l'évolution. Ces caractéristiques communes à toute l'espèce humaine font de la santé un bien partagé soumis aux mêmes règles biologiques pour tous. Les causes d'altérations qui mènent aux maladies sont toujours identiques et devraient conduire à des pratiques médicales consensuelles. Ces règles de fonctionnement n'empêchent pourtant pas que chaque être humain soit unique, défini par les particularités de son génome et de son trajet de vie.

La santé, ce bien inestimable dont nous sommes les garants, se montre particulièrement sensible à la civilisation dans laquelle il s'inscrit. Les sociétés primitives en ont fait un bien magique. Les sociétés modernes tentent d'en faire un marché régi comme les autres biens de consommation. Paraître et consommer sont devenus le sens premier de ce nouveau marché. Cette réalité transforme les valeurs fondamentales des professionnels qui sont désormais trop souvent perçus comme de simples distributeurs de techniques et de produits gratuits. Devoir et éthique s'effacent devant un nouveau droit qui rend de plus en plus irresponsable.

Une société sécrète les médecins qu'elle désire, mieux encore, les médecins qu'elle mérite. Les vertus ancestrales de la rencontre et de l'accompagnement des hommes de l'art se raréfient. La confiance si nécessaire à la relation médecin-malade s'altère, laissant de plus en plus souvent place à la suspicion. Déplorer cette situation ne suffit pas, il faut réagir et proposer des solutions.

La santé est un bien public. Au nom de la fraternité, troisième idéal déclaré par la Révolution, l'État français a fait de la santé et des soins un domaine de solidarité nationale. Au fil du temps, l'Assurance maladie, qui garantit à tous l'accès aux soins, est devenue la branche la plus coûteuse de la Sécurité sociale. Cette assistance, financée par les prestations sociales et plus récemment par l'impôt, a un coût toujours plus élevé. Deux cent cinquante milliards lui ont été consacrés en 2015, soit près de douze pour cent du PIB, contre deux pour cent il y a cinquante ans.

Les soins sont devenus la charge la plus lourde, au détriment de l'instruction et de la prévention. Le déficit chronique de la Sécurité sociale, chaque année plus important, oblige l'ensemble des Français à percevoir les difficultés de gestion de cet organisme auquel ils sont très attachés. Repenser les missions du système de santé pourrait bien être un impératif de tous les utilisateurs. La médecine et ses progrès le nécessitent : il s'agit bien de répondre aux besoins réels de la population, et non pas à ses besoins ressentis, ses désirs, ses envies, qui sont du domaine de l'utopie et trop souvent de la méconnaissance. La médecine prédictive qu'annonce la génétique, la médecine préventive que permet l'éducation en santé, la médecine de soins qui doit être rationalisée pour ne pas être de plus en plus rationnée sont les objectifs d'un système de santé moderne et solidaire.

Reconstruire un système de santé

Quand on parle du système de santé, quand on se pose la question de son fonctionnement, il faut trouver quelle est l'organisation qui pense aux trois composantes de la santé que j'ai citées : bien personnel, bien commun et bien public, et selon quels principes doit s'organiser un tel système.

Pour fonctionner, un système a des objectifs, un système a un sens, un système traite l'information à chaque instant, un système est régulé, un système est contrôlé, afin de vérifier s'il est, ou non, adapté à la fonction qu'il est censé exercer…

Le système nerveux de chacun d'entre nous est le fruit lentement et progressivement construit de l'évolution biologique du monde animal. Aucun système n'est plus élaboré, plus adapté, plus efficace, plus évolutif, plus sobre. Le médecin que je suis ne connaît pas meilleur système…

– Ne pourrions-nous pas nous inspirer de l'économie du système nerveux pour repenser notre système de santé ?

Le système nerveux fonctionne sur trois niveaux hiérarchisés en réseau.

Le premier niveau régule l'activité réflexe. Nous l'avons vu, la main inopinément posée sur une surface brûlante est, avant la conscience d'une sensation de chaleur excessive, retirée prestement. Cette activité, élémentaire, réflexe, permet de s'adapter en urgence à un environnement où à une situation critique. Le réflexe est un système de défense adapté. Il est l'organisation élémentaire du système nerveux.

Le deuxième niveau régule l'activité automatique. La parole qui permet d'exprimer la pensée est acquise dans les premières années de l'enfance. Moduler les mouvements de la bouche, de la langue, des lèvres pour prononcer toutes les voyelles et consonnes nécessaires à la construction des mots est un apprentissage progressif. L'appareillage phonatoire, proche de celui de la déglutition, s'est ensuite automatisé. La marche, également apprise durant l'enfance, est aussi un processus automatique qui pourtant porte la marque de chacun d'entre nous. Nous reconnaissons à l'oreille le pas des personnes de notre entourage Il est intéressant de noter que, même dans un système automatique, il y a quelque chose de personnel. Si, chez moi, somnolant dans mon fauteuil en attendant la venue de ma femme, je l'entends rentrer, je reconnais son pas… La démarche automatique et commune à tous acquiert les éléments caractéristiques de chaque personnalité.

Le troisième niveau maîtrise l'activité volontaire et consciente. Cette activité est un élément fondamental dans le système nerveux. Le cerveau régit les fonctions que l'on a appris à considérer comme supérieures : la volonté, la mémoire, la pensée et son langage, les sentiments, l'éthique, la conscience, l'inconscient et d'autres encore. Dans ce rôle il dispose de centaines de milliards de neurones pouvant avoir jusqu'à mille synapses chacun.

Le système nerveux est un modèle de système. Il régit et régule ce qui est urgent et ce qui ne l'est pas. Il est précisément adapté à tous ses objectifs et agit au moyen de multiples réseaux, réflexes, automatiques, conscients et volontaires.

Et le système de santé ? Ne devrait-il pas prendre pour modèle d'organisation, de direction, de régulation, le système nerveux ? Est-il construit et évolue-t-il en suivant la même logique, celle de l'efficacité au moindre coût ? A-t-il un sens ou de multiples sens ? Quelles activités doivent être réflexes ? Quelles activités doivent être automatiques ? Quelles activités doivent être conscientes ? S'il a un sens, est-il régulé, et par quel organisme ? Qui doit le diriger ? Quel doit être le rôle de l'État ? Celui des professionnels ? Celui de l'Administration ? Avec qui doit-on signer le pacte de confiance ? Ne faut-il pas envisager de multiples changements pour que notre système de santé soit et reste adapté aux besoins de chacun et de tous quand le savoir médical progresse ?

Réfléchir au système de santé dont nous avons besoin, le repenser est une nécessité du temps. Définir, rechercher les valeurs et les vertus nécessaires à son bon fonctionnement paraît indispensable pour un système qui absorbe le huitième de la totalité du produit national brut de notre pays afin de gérer le bien qui nous est le plus nécessaire.

Le pacte de confiance est la valeur première qui lie le malade à son médecin. Les princes qui nous gouvernent ont-ils vraiment réfléchi aux effets des trente-cinq heures sur le monde de la santé ? En ont-ils mesuré l'effet sur les mentalités, et particulièrement sur les mentalités des professionnels de santé ? Longtemps le pacte de confiance a dépendu du temps consacré.

Chacun de nous, dans la situation de malade, s'interroge sur les raisons et la dangerosité de son affection. En fonction de la complexité ou de la simplicité, de la fréquence ou de la rareté, de la bénignité ou de la gravité, le système nerveux sait hiérarchiser, répondre vite ou plus tardivement, mettre en place des réseaux, des filières de niveaux différents. Pourquoi n'en est-il pas de même du système de santé ? Le week-end et la nuit, la seule lumière allumée pour les urgences reste l'hôpital. On en connaît mal la raison, sinon l'idéologie. Que la situation soit grave ou qu'elle ne le soit pas, trop souvent, l'attente est interminable, et, en bien des endroits, la compétence et parfois aussi la saine relation humaine sont mal assurées. Ceux qui sont pressés avec raison et ceux qui le sont sans raison, ceux qui ont peur inutilement et ceux qui sont dans un état grave vont tous au même endroit où l'attente et le temps perdu finissent par faire penser que telle doit être la règle du jeu. Les valeurs et les vertus enseignées par le système nerveux se retrouvent de moins en moins souvent à l'hôpital. Est-ce vraiment dû au progrès ?

Médecine efficace et médecins savants

La médecine a changé. Elle est devenue efficace, utile et nécessaire. Les médecins, de plus en plus savants, ont eux aussi changé. Les populations ont changé également, elles se font à l'idée que leurs besoins augmentent avec le progrès, et elles pensent être en droit de se montrer exigeantes lorsqu'elles font face, en de trop nombreuses circonstances, à des insuffisances.

Dans le même temps, le coût de la santé s'est considérablement alourdi, et il représente aujourd'hui – répétons-le – le huitième de tout ce que le pays produit. De telles transformations en un si court laps de temps ont fait apparaître les lacunes de notre système, pourtant encore considéré comme l'un des meilleurs au monde.

L'humanité médicale est mise à mal. La médecine se mécanise : l'examen clinique disparaît, les actes techniques sont multipliés. La valeur ajoutée personnelle des médecins est trop peu considérée dans leur rémunération. De nombreux systèmes sont mal adaptés à la modernité du savoir, aux réels besoins des patients qui finissent par s'impatienter. Aux yeux de certains, la médecine paraît dévoyée. Le diagnostic de la distribution inégale des soins est facile à faire. Les exemples de non-qualité sont légion. Faut-il longtemps s'attarder ? L'accueil non personnalisé, le temps perdu, l'attente insoutenable, les rendez-vous impossibles, l'émiettement spécialisé des parcours des malades sans boussole, les résultats insuffisants deviennent une triste réalité. Les défauts sont criants dans l'organisation des urgences où accourent sans distinction les inquiets, les perdus, les pressés, ceux en état grave et ceux qui ne le sont pas.

Les signes de cette maladie de la qualité, de la perte des valeurs essentielles et de l'organisation inadaptée sont visibles. Un pays industriel moderne et solidaire qui se respecte ne peut laisser les choses en l'état, avec le rêve fou que les anciennes structures s'adaptent d'elles-mêmes, sans réelle réforme.

Pour une médecine sobre

Cette perspective inquiétante m'a fait proposer, il y a déjà vingt ans, un nouveau paradigme : « la médecine sobre », imprégnée des idées de la « clinique oubliée » et des « innovations-ruptures ». Cette médecine se veut porteuse des vertus et des valeurs empathiques de toujours, celles qui donnent confiance. Elle recommande la pratique d'un examen clinique, portant l'indication de chaque technique utile et nécessaire aux besoins de chacun. Elle est le prolongement pratique des produits de la recherche que sont les innovations-ruptures. Elle se veut accessible à tous avec le souci du juste coût. Elle est le produit rêvé de l'histoire du progrès médical, dû, pour une grande part, à ces génies que nous avons évoqués. Elle espère que professionnels de santé, économistes, gestionnaires s'ingénient à la mettre en place dans un système de santé rénové. Les objectifs sont clairs : rendre le progrès accessible à tous, dans l'objectif de prédire, prévenir, guérir, soulager, accompagner jusqu'aux derniers instants. Rendre ce progrès utile, efficace, dans le cadre d'une saine gestion, en est le corollaire. De tels buts exigent une approche systémique, coordonnée, dirigée, régulée, où le rôle de chacun est de concourir à des objectifs communs, bien compris par tous.

Comment rendre le progrès accessible à tous ?

Cette question nous concerne tous, elle interroge sans cesse et reste toujours à régler. Avoir recours aux moyens de la médecine moderne est une nécessité, à la condition – tout au moins faut-il s'en persuader – que ce soit lorsque l'état clinique le demande et l'exige.

La Sécurité sociale représente un immense progrès. Elle a pourtant réduit le sens des responsabilités de beaucoup de citoyens, devenus impatients et exigeants. L'organisation du monde de la santé est un sujet majeur. Dans bien des pays, il est mal résolu.

Vertus des médecins et valeurs de la médecine sont au cœur du débat de la formation initiale et permanente des professionnels de santé et de leur rémunération, de l'organisation des structures de soins, du fonctionnement régulé et gouverné du système de santé. Les missions sont à redéfinir. Les organisations ont à rendre des comptes et à être régulièrement évaluées en fonction de leurs objectifs, de leur fonctionnement et de leurs résultats.

La progression du savoir a donné naissance à des concepts pratiques. Alors que l'individu en souffrance se sent toujours seul, les professionnels doivent de plus en plus travailler en équipes structurées solidaires. La qualité de leurs pratiques et de leurs résultats l'exige. Ainsi, des réseaux régionaux hiérarchisés et coordonnés doivent se constituer, ainsi que des filières par pathologie dans les cas sévères ou difficiles à traiter, et des banques de données actualisées. Le système de santé ainsi organisé demande à être dirigé et régulé. L'État est en charge du financement et de l'installation des innovations qui découlent de la recherche aboutie. C'est sa première responsabilité, lui qui ne peut tout diriger et tout réglementer.

Je l'ai déjà dit, la médecine ne s'apprend pas dans le *Journal officiel* ! La responsabilité du fonctionnement des organisations axées sur l'amélioration des performances revient aux professionnels, il faut toujours faire mieux demain.

La médecine de proximité avec les médecins généralistes qui orientent est sûrement, avec les urgences, le secteur qui mérite aujourd'hui les premiers efforts de réforme.

Patients, bien portants, malades méritent observation en situation individuelle et collective. Tous identiques, tous différents ! Des milliards d'individus... Génétique, environnement, instruction, ressources conditionnent leur santé et leur vie.

L'augmentation récente de notre espérance de vie nous montre que de grands changements sont survenus. Les découvertes d'hommes de génie ont ouvert des voies nouvelles au progrès, bientôt prolongées par leurs successeurs. Leurs efforts ont été exemplaires, les imiter est une ligne de vie. Darwin comme Mendel ont montré le chemin. Qui ne souhaite l'emprunter ? Travailler à rendre nos diagnostics plus précis et plus efficaces et nos pratiques toujours plus efficientes est une priorité dans une société comme la nôtre.

Chacun de nous est responsable de sa santé

Les bien portants ont tout intérêt à prendre soin de leur santé. En ont-ils seulement conscience ? Tout dépend de l'éducation, de l'instruction, du tempérament ou de l'influence. La qualité de leur longue vie, pleine d'incertitudes, dépend pour une bonne part de leur libre arbitre et est sous leur responsabilité.

L'épidémiologie parvient parfois à convaincre les hommes de se protéger des excès en tout genre... Mais même si aujourd'hui nous savons que les drogues, le tabac ou l'alcool sont particulièrement nocifs, certains restent tentés par ces illusions de bonheur.

L'efficacité médicale est pourtant aujourd'hui effective, mais cela n'a toujours pas inversé la tendance. Faut-il que les racines obscurantistes de l'imaginaire soient profondes et que la pharmacopée médicale, pendant des siècles, ait peu changé le cours naturel de l'existence ! Croire et savoir pourraient bien avoir le même statut ! Il n'empêche, la crédulité peut être la faiblesse de tous, même des plus instruits. Elle rend influençable, et des malins en profitent pour en faire commerce, un commerce à proscrire.

Doit-on souscrire à la politique du laisser-faire ? La science médicale est du domaine de la raison et nécessite démonstration. La croyance est du domaine de l'inexplicable, de l'indémontrable, mais sa puissance impressionne.

La pensée naïve qui consiste à vouloir revenir à la nature nécessairement bonne, et à s'opposer au génie des productions de synthèse des hommes, est à l'origine de nombreuses pratiques séduisantes dans notre monde moderne. L'adjectif « naturel » est synonyme de pureté et s'oppose au qualificatif « artificiel », qui évoque un monde de synthèse, une odeur impure, celle de la chimie. Les végétaux, les minéraux, les animaux sont des sources inépuisables de produits aux vertus bénéfiques pour peu qu'ils soient entièrement naturels : voilà le credo de certains écologistes ! Ce courant vit aujourd'hui le summum de l'effet de mode. Alors que les médicaments de synthèse utilisent les principes actifs mêmes du monde végétal, animal ou minéral, et que leur élaboration est bien mieux affinée – et contrôlée – que celle de certaines officines artisanales, pour ne pas dire parfois folkloriques.

Et pourtant, la mode s'acharne à insinuer que la médecine est un commerce rempli de risques… et l'on défie le médecin autant que la maladie. Les machines voient et mesurent, elles disent la vérité, tout au moins une vérité qu'il faut savoir révéler ou modeler en n'oubliant jamais que compétence et probité sont les voies de la nécessaire confiance et que la vérité pour l'un n'est pas forcément celle comprise et acceptée par l'autre.

Gestion savante et humaine

On l'imagine, on le sait, on l'a vécu ou observé : quand la maladie survient, le patient est seul, isolé. Face aux possibilités qui s'offrent à lui, l'inquiétude l'assaille : quelle décision prendre ? Qui peut l'aider ? Le diagnostic d'une maladie est un calcul de probabilités, une gestion de l'incertitude. Pour y aboutir, plusieurs compétences doivent souvent être réunies, à condition de les coordonner. La compétence de l'interlocuteur éclaire, définit les choix qui s'offrent au malade. La décision est le point de départ de la prise en charge. Elle doit ensuite être assumée, renouvelée tout au long du protocole de soin. La confiance du patient naît d'une gestion savante et humaine de qualité. Le malade devient alors convaincu que le médecin est de son côté et épouse ses intérêts.

Le malade croit que les professionnels qu'il a choisis pour leurs compétences le conduiront à la guérison. C'est cet espoir qui le fait vivre. Il est prêt à se battre, à pousser les soignants à prendre des risques qu'il assumera avec eux. Il signera le pacte de confiance avec ceux qui y mettront le même engagement que le sien.

Ce contrat, il l'attend aussi des organismes qui sont appelés à l'assister. L'attente injustifiée, le temps perdu, la discontinuité, les soins sans précaution lui sont intolérables. Bien sûr, avec la guérison, la vie reprendra son cours, mais la confiance restera fragilisée.

Urgence, consultation, visite

La médecine est un service. C'est aussi un commerce aux règles particulières, car elle concerne un sujet et non pas un objet. Rééquilibrer les rapports entre soignants et soignés est une innovation à proposer. La frontière entre patient et client est bien floue… Pourquoi ne pas prendre la tendance à rebours en imaginant les professionnels de santé eux-mêmes comme les clients des malades ! C'est sûrement une position excessive, mais elle pourrait prendre du sens à l'avenir.

L'urgence, la consultation et la visite sont les trois modalités de la relation médecin-malade. Le généraliste, médecin de proximité, doit reprendre une place dans l'orientation de l'urgence : c'est indispensable à condition d'admettre que la médecine est devenue une affaire d'équipe hiérarchisée par le savoir. Elle nécessite désormais d'être exercée par filières de maladies et par réseaux de professionnels, ce qui sera possible grâce aux techniques audiovisuelles et informatiques. Ces nouveaux outils permettront la visite sans déplacement. La consultation deviendra le temps privilégié du diagnostic.

L'argent de tous

Les métiers de soignants se sont incroyablement développés. L'infirmière, le kinésithérapeute, l'aide-soignante et d'autres encore sont d'ores et déjà régulièrement en visite à domicile. Dans ce service à la personne, le médecin doit devenir chef d'équipe et pouvoir déléguer.

L'avenir verra les rapports entre médecins s'équilibrer en fonction de la compétence. Cela apparaîtra le jour où le médecin spécialiste adressera à son tour des patients aux médecins généralistes !

Dans la gestion de situations complexes, la compétence du médecin généraliste n'a aucune raison d'être inférieure à celle du médecin spécialiste si on le décharge des situations sans difficulté diagnostique confiées à d'autres professionnels de santé. Tout médecin a une valeur ajoutée propre qui est liée à sa compétence. Le nombre de professionnels doit être limité aux besoins nécessitant cette compétence. En début de carrière, la rémunération n'a pas à être inférieure car la valeur ajoutée est sensiblement équivalente. Les capacités à devenir chef d'équipe feront ensuite la différence. Les économistes, les financiers, les polytechniciens sont sûrement habilités à résoudre la question des rémunérations, dans le secteur public et privé : elle dépend en plus d'un même payeur distribuant l'argent de tous.

Place à l'efficacité biologique

La première révolution médicale survient après la Seconde Guerre mondiale. Guérir l'inguérissable est devenu possible. La lente montée du savoir empirique apporte le bouleversement qui a conduit à la méthode diagnostique des cliniciens du XIXe siècle. Le deuxième temps, encore plus révolutionnaire, de la révolution biologique devait suivre. Quatre hommes sont à mes yeux les révélateurs des connaissances biologiques qui ont transformé le savoir et donné un jour à la médecine son caractère efficient. Entre 1859 et 1865, Claude Bernard, Pasteur, Darwin et Mendel publieront leurs travaux. Dans les mêmes années, les femmes obtiennent enfin le droit de s'inscrire à la faculté de médecine. Est-ce une coïncidence ? A-t-on su tirer profit de ces deux innovations-ruptures ? Tout change enfin. C'est au tour de la troisième révolution d'apparaître, l'efficacité biologique.

Le marché médical

La santé est sans doute devenue un marché, mais un marché particulier, qui ne peut pas être régulé par des lois habituelles ni par la seule voie administrative, devenue un véritable pouvoir régalien.

La multitude des structures non coordonnées présentes avant ces révolutions successives n'est plus adaptée. Des transformations radicales de l'organisation hospitalière s'imposent. Il aurait fallu une réforme systémique, elle restera paramétrique.

En 1958, au tout début de la Ve République, une réforme d'envergure a été proposée et a été instaurée par le professeur Robert Debré. Quelques paramètres ont alors été changés dans les structures et les organisations. Néanmoins, la réforme n'a pas été menée à son terme. Les Trente Glorieuses et leur dynamisme ont voilé les inadaptations. Les décideurs politiques ont pensé que les problèmes n'étaient que financiers et administratifs : ils étaient en réalité d'un autre ordre, médical d'abord, organisationnel ensuite. Des sommes énormes d'argent public furent englouties dans la construction d'hôpitaux grandioses bâtis sur des modèles dépassés. « Toujours plus », tel semble être le principe irréaliste, inconséquent, irresponsable qui guide trop souvent nos édiles. Ainsi, devant un problème, un blocage, on pense toujours à l'argent : plus d'argent résoudra la question ! Mais il arrive que l'urgence soit ailleurs, dans une refonte des mentalités et une mutation des projets.

Bâtir un système de santé qui s'ajuste en permanence aux progrès et aux besoins est essentiel dans une société moderne. Pour cela, il faut définir le sens médical de ce système, le rôle qu'y jouent l'État et les payeurs. Il faut aussi créer un système médical d'information pour les praticiens, construire un réseau de maisons médicales de proximité, hiérarchiser les filières de maladies autour du CHU, l'hôpital universitaire.

Par ailleurs, l'assurance de la protection est un droit, certes, mais un droit particulier qu'il faudrait bien expliquer à tous. Ce droit va de pair avec une responsabilité. Qui la perçoit ? Qui en tient compte ? Certains comportements méritent d'être changés. Les sciences du comportement doivent travailler à les reconnaître, les évaluer et les éradiquer. Le droit à la santé, le droit aux soins indispensables, mérite d'être expliqué dès le plus jeune âge. Il est essentiel de définir les contours de l'éthique du recours à l'argent public et de la hiérarchie dans les demandes de soins.

Aujourd'hui, les longues maladies sont chroniques, c'est-à-dire que ce sont des maladies aiguës aux solutions encore inconnues. Elles ont à être prises en charge, plus par accompagnement que par la multiplication d'examens n'apportant pas l'efficacité espérée. Chacun doit-il savoir ce qu'il coûte annuellement à la communauté ? Ne faut-il pas aussi respecter les besoins des autres ? La fraternité, troisième terme cher à la République, n'est-elle pas particulièrement malmenée dans ce cadre ?

Il se pourrait bien, pourtant, que les plus grandes difficultés à surmonter soient d'ordre idéologique. Certains envisagent la santé, l'argent public, le service public et l'hôpital public comme une seule et même idée, celle qui a mené au salariat et à l'hôpital-usine.

D'autres, au contraire, valorisent la clinique privée, le paiement à l'acte, les lois du marché et de son commerce.

Pour moi, la médecine n'a rien à faire avec les idéologies. Or elle les subit et les patients finissent par en pâtir. Les organisations publiques et privées sont respectables et doivent sans doute être conservées, mais elles se doivent d'évoluer dans un mode de relation visant un même et unique but : celui de la santé de chacun et de tous. Pourquoi poursuivre les mêmes buts sur deux chemins parallèles ? Leurs qualités se font concurrence et leurs défauts s'additionnent. L'heure est venue de les coordonner et de prioriser l'efficience. Elles doivent constituer main dans la main les filières des maladies chroniques et les réseaux de parcours de soins. Les diagnostics de précision et les thérapeutiques des causes doivent conduire à privilégier la consultation et le soin ambulatoire sur l'hospitalisation. Chaque maire pense que l'hôpital général est la modernité, alors que vraisemblablement l'établissement spécialisé, l'ambulatoire, le soin à domicile deviennent prioritaires.

Là se trouvent les plus grands dysfonctionnements que le pouvoir politique a peur de traiter… à cause des élections sans doute.

*

* *

À l'orée de notre XXIe siècle, il n'est pas difficile de remarquer que la méfiance progresse. Chacun a pris conscience des possibilités récentes de la médecine et les exigences des malades ont des raisons, elles aussi, de progresser. S'y adapter est le sujet du moment. La médecine, avec ses techniques, avec ses praticiens alliant savoir démontré, clinique recommandée, raisonnement diagnostique, décisions précises et actions rigoureuses, a transformé la société.

Et elle continuera de le faire, à condition de ne pas perdre la confiance de ceux qui ont besoin d'elle.

REMERCIEMENTS

Nombreux sont ceux qui depuis mon plus jeune âge ont façonné mon savoir, ma culture, ma personnalité, mon cursus médical. Certains étaient médecins, infirmières, industriels de la santé, administrateurs d'hôpitaux, de l'Université, d'agences nationales. Il y eut aussi des étudiants, des externes, internes, confrères et collègues. Et je n'oublie pas ceux qui, confrontés à la dure réalité de leur santé chancelante, m'ont donné leur confiance quand j'essayais de les soigner.

Mais d'autres personnages ont été essentiels à ce livre. L'un d'eux, Jean-Paul Verdaguer, m'a décidé à écrire, à choisir les sujets. Depuis plusieurs dizaines d'années, en ces temps où le savoir a permis aux pratiques médicales de devenir de plus en plus efficaces, nous avons confronté nos idées. Sa culture, sa réflexion m'ont été indispensables. Son amitié m'est chère. Lorànt Deutsch, lui, m'a convaincu que ma manière de raconter pouvait plaire, divertir, intéresser.

Il a, par sa vigilance, permis à ce livre d'atteindre son terme. Et Michel Lafon fut déterminant. Appréciant le but que je poursuivais, il m'a confié, dans sa maison, à Huguette Maure et Emmanuel Haymann qui ont su me maintenir dans le droit chemin de l'écriture.

À tous, je tiens à témoigner ma vive reconnaissance.

BERNARD GUIRAUD-CHAUMEIL

TABLE DES MATIÈRES

Direction littéraire
Huguette Maure et Emmanuel Haymann
assistés de
Laurie Beck

Composition et mise en pages
Nord Compo à Villeneuve-d'Ascq

Imprimé en Espagne
Dépôt légal : mai 2016
N° d'impression : 01
ISBN : 978-2-7499-2953-8
LAF : 2228